「炎上」と「拡散」の考現学

なぜネット空間で情報は変容するのか

小峯隆生
＋
筑波大学ネットコミュニティ研究グループ

祥伝社

はじめに——SNSという現代の「火」

　太古の昔、原始人と言われた人類の祖先は、生き残るための道具として「火」を手に入れました。

　最初は、火山の噴火や山火事などの自然現象で手に入れた火を、ずっと絶やさぬようにしていました。

　次に人類は、炭を火種として獣の角の空洞に入れたり、炎を苔に点火して、ゆっくりと燃やし続けたりします。これで「火」を持ち歩けるようになったわけです。

　そして今度は「摩擦熱」によって自由に発火させる「火熾し」という技術を発明しました。それにはいくつかの器具を用います。イノベーションと言っていいでしょう。技術革新で点火、発火、燃焼の自由自在(コントロール)を可能にしたのですね。

　こうして原始人は、いつでもどこでも、火を熾し、焚火をすることができるようになりました。

　それは、狩猟で獲った獣の肉をいつでもどこでも、焼いて食えるようになったことを意味します。

　焼いた肉の豊富な栄養は、人類の脳を驚異的な速度で進化させました。思考能力が高まり、情報処理速度が速まった人間の脳は、さらに多くの道具を発明し、すさまじい速度で進化を開始しました。

　すなわち「火」という道具を自由に使うことで、人間は進化を遂げたのです。

それから30万年（一説には100万年）の時を経て、今、人間は「SNS」——Social Networking Service——という新たな「火」を現代に生きるための道具として手に入れました。

　「火という道具」ですから、それは皮肉なことに何らかのモノを燃やしてしまいます。そう、SNSは「炎上」という現象を生じさせました。

　今、人類は新たな「火」である「SNS」という道具を手に入れたことで、「炎上」と呼ばれる現象を通して、新たなる進化を始めているのです。

　筆者は長く雑誌の編集に携わり、いわゆるマスメディアの世界に身を置く者ですが、その経験をもとに2010年から筑波大学で教鞭を執っています。また、知的コミュニティセンター客員研究員として、若き同僚たちと研究を重ねてきました。

　SNSという新たな「火」が出現して、人類はどのような進化を始めたのか。新たな「火」は、「火」そのものではないのに、なぜ「炎上」が起きるのか……。

　そして研究を続ける中で筆者は、その「炎上」を詳細に分析する方法を、ある日突然、思いついたのです。

　研究グループが発足しました。

　この研究グループは、逸村 裕 教授（筑波大学大学院図書館情報メディア研究科同専攻長）に、筆者がその分析のメカニズムを筑波大学の会議室で説明した時から始まります。

　筆者が立案の中心ということで、「コミネターク」（タークとは

はじめに

18世紀に登場したチェスを指す人形のこと。P88のコラム参照）研究プロジェクトと命名されました。

小峯隆生（こみねたかお）

[目次]

はじめに──SNSという現代の「火」 03
序　「炎上」を学術的に研究する　　逸村 裕　09

1章　「炎上」が描く4曲線　11

- ▶報道の現場で思い知らされた「情報」の力　12
- ▶権力が全員に配られた　13
- ▶バイトテロ、リベンジポルノ……SNSを使う4つの目的　17
- ▶ネット上で変質する情報　19
- ▶「全員がジャーナリスト」の時代　22
- ▶情報の還流を数式化すると　24
- ▶分析・解析の方法　26
- ▶「炎上」は4タイプの曲線を描く　31

2章　「炎上」と「拡散」のアナリシス①
　　──「いいね！」でヒット！か、「デジタル処刑」か？　37

- ▶上昇曲線──『タイタニック』ケース　38
- ▶肯定的なコメントの連続　40
- ▶なぜ曲線はプラスに上がり続けるのか　44
- ▶下降曲線──『アイスマン』ケース　46
- ▶「バカッター」の登場　48
- ▶炎上のための「燃料」が投下された　53
- ▶炎上は企業にまで及ぶ　56
- ▶デジタル空間の「祭り」と「処刑」　58
- ▶活発化する「スネーク」の動きと「デジタルタトゥー」　60
- ▶「罵（ののし）り合い」の始まり　64
- ▶企業は炎上防止のために何をすべきか　66

- ▶炎上の終わり　69
- ▶ロングテイル曲線——「エリート」ケース　70
- ▶それは匿名のブログから始まった　73
- ▶何が人々を激怒させたのか　75
- ▶電話番号とメルアドも特定された　78
- ▶この炎上はいつ、どのように終わるのか　80
- 【コラム】炎上のモデリングと解析の手法　　善甫啓一　86

3章 「炎上」と「拡散」のアナリシス②
——「祭り」の始まりから終息まで　89

- ▶上昇して下降する曲線①——「スタディギフト」ケース　90
- ▶増えるフォロワー数と下降への圧力　93
- ▶フォロワー数急増の陰に隠れた「イベント」とは　96
- ▶恐るべき「負の連鎖」　99
- ▶上昇して下降する曲線②——「アップログ」ケース　101
- ▶強烈なプレーヤー、現わる　103
- ▶X_aとX_bの対立　107
- ▶セキュリティの専門家も驚愕した　109
- ▶事態を急速化させるネットの力　112
- ▶フォロワー数で見る「対決」の一部始終　114
- ▶下降して上昇する曲線——「サイバーエージェント」ケース　116
- ▶新しい炎上の形と使い方　119
- ▶奇跡的な上昇の理由　122
- 【コラム】日本の炎上と、アメリカの炎上　　落合陽一　125

4章 ネット言論を動かす「3つのスタンダード」　129

- ▶スタンダード1——金（金銭）　130
- ▶「全員が平等」の幻影　134

- ▶スタンダード２——「性欲」 136
- ▶人間の「業(ごう)」がなせる行動 137
- ▶スタンダード３——「社会正義」 140
- ▶「悪いことをした」対象への攻撃 141
- ▶「許せないこと」で「社会正義」が爆発する 144
- ▶SNS登場以前と以後で、世論の構図はどう変わったか 146
- ▶『疑惑の銃弾』取材秘録 147
- ▶マスコミが炎上した時代 150
- ▶ネット炎上の定義と条件 151
- 【コラム】研究グループはこうして誕生した　逸村 裕 156

5章　新しい"祭り"の時代 161

- ▶「炎上」と「拡散」を解析して見えてくる日本 162
- ▶ウェブ炎上は、日本の新しい祭り 169
- ▶４人に１人が「炎上の火」を大きくしたがっている 170
- ▶無料だから盛り上がる 173
- ▶「マスコミよりも早い」ことが大切 175
- ▶対論——SNS登場以前と以後のメディア論 178
- ▶マクルーハンを読む 181
- ▶デジタルで物語も変わるのか 183

ブックデザイン／中野岳人
本文ＤＴＰ／朝日メディアインターナショナル

※本書ではインターネット掲示板やSNS上の投稿を引用していますが、人物・団体等の特定を避けるため、原文表記の一部を「＊」としました。また、適宜振り仮名を付しています（編集部）。

序　「炎上」を学術的に研究する

筑波大学大学院図書館情報メディア研究科同専攻長　**逸村　裕**

「コミネターク」研究プロジェクトは雑誌編集者、ジャーナリスト、小説家、エンターテイナーとして長くメディアに関わってきた小峯隆生を中心に、新進気鋭の研究者である善甫啓一（筑波大学システム情報系助教）、落合陽一（筑波大学図書館情報メディア系助教）、池田光雪（筑波大学大学院図書館情報メディア研究科博士後期課程院生）の各氏、そして逸村裕（筑波大学図書館情報メディア系教授）が行なってきた共同研究をもとにまとめたものです。

20代3人（善甫、落合、池田）と50代2人（小峯、逸村）という不思議な混成グループが誕生した経緯については、別項で説明します。

*

今日、SNSの隆盛はメディア状況を大きく変えました。1980年代のパソコン通信の時代から、ネットを活用したニュースとメディアは徐々に普及を始めてきました。それが2010年代に入り、mixi、Twitter、Facebook、LINEを中心に利用者が急激に増加しました。今では全国民の半数、数千万人の利用者がいると言われています。

その機能は、容易に思いついた内容を文字だけでなく、写真や動画を公開できること、RTなどの機能により、世界中に同じ情報を展開できることなどが挙げられます。これによりニュースの意味づけにも変容をもたらしました。今や多くの新聞、テレビ局もアカウ

ントを持っています。それにより購読者以外にも内容を拡散できるからです。またGoogleに代表されるサーチエンジンにより、インターネット上に公開された情報はPC、スマホ、携帯から簡便に探し出せるようになりました。

　しかし「悪事千里を走る」ということわざの示すとおり、良いニュースよりも悪いニュースは伝わりやすく、それもネット上の個人の不適切な言動が瞬時のうちに広まり、「炎上」と称される事態が発生します。ネットでの行動は個人が行なうものです。しかし「炎上」による攻撃は、時に多くの人々が同一方向に攻撃を仕掛けるように見えることもあります。荻上チキ氏の『ウェブ炎上』（ちくま新書、2007年）に、それらはよくまとめられています。

「コミネターク」研究プロジェクトでは単なる「炎上」現象だけでなく、その学術的現象に関心を持ちました。各種メディアに関わってきた小峯隆生の視点を基礎に、最新の研究手法を駆使し、内容をまとめました。その内容は国際学会においてエンターテイナー小峯隆生のプレゼンテーションにより世に問い、その結果は学術論文としてまとめました。本書はこの研究成果を、より多くの方々に知っていただくために、小峯隆生が一般向けに書きあらためたものになります。

1章

「炎上」が描く4曲線

▶報道の現場で思い知らされた「情報」の力

　筆者・小峯隆生は、1980年に雑誌業界へ足を踏み入れ、今も編集者、記者として働いています。
　初めて籍を置いた若者向け週刊誌の編集部で、先輩編集者から、こう言われました。
「ペンは剣よりも強し」
　何回も聞いたおかげで、この言葉は頭の中に、そして身体内部に徹底的に刷り込まれました。
　マスコミは非暴力で、ペンを使って、記事を書く。それによって剣という暴力的武器を使う権力と戦える。
　非暴力で暴力と戦う、その唯一の機能を持つ者がマスコミ。「そんな役目を担ったのが、週刊誌編集者なのだ」ということを叩き込まれました。そして常に自らに言い聞かせました。
　しかし私は一方で、マスコミの持つ情報発信力は、直接的ではないにせよ、人を簡単に死に追いやる、すなわち殺す威力を持つ武器なのだという思いも抱いていました。
　1976年、私が17歳の頃に、ロッキード事件の報道に接した時のことです。
　ある事件関係者が自殺したのです。
　当時は、「悪い奴が自殺したんだ」と認識していました。ところがロッキード事件から10年近くの月日が過ぎ、マスコミの現場で働くうちに、一つの疑問が湧きあがってきました。

1章　「炎上」が描く4曲線

「あの人は、報道によって死に追いやられたのではないか？」

この疑問は、やがて確信に変わります。

1989年、私は前の年に発覚したリクルート事件（リクルート関連会社の未公開株を政・財・官界人に譲渡して儲けさせた、戦後最大の疑獄事件）を取材していました。

この時も自殺者が出ています。そして、その人物の周辺を取材すると、「報道によって死に追いやられた」ことを示す事実が続々ともたらされるではありませんか。やはり彼は、自分のことを書いた記事、映像、テロップ、ナレーション……嵐のような報道に晒されて死んでいったのです。

私は身体の芯まで、マスコミの情報発信力は、たしかに「ペンは剣よりも強し」のとおりだと思いました。人を死に追いやる力が、報道／情報発信にはあるからです。

▶権力が全員に配られた

この「ペンは剣よりも強し」について、研究グループの池田君、善甫博士と討議していた時です。デジタルの使い手の池田君が、カチカチッとキーボードを叩いて、言いました。

「コミネさん、その言葉、どうも本来の意味と違うみたいですよ」

「ハイ？」

私はネットに接続されたラップトップの画面を覗き込みました。図書館情報学徒の池田君は、検索が速い。

「筒井康隆氏の『アホの壁』の中に書かれているらしいですね」

該当部分を引用してみましょう。

> 「ペンは剣より強し」と言ったのは、枢機卿リシュリューである。名言として、現代でも文筆業者、特に新聞記者などが、憎い相手に筆誅を与えたりする時に便利に引用している。(中略)
> 　しかし、これはとんでもない間違いであろう。リシュリューは「権力のもとでペンは剣よりも強い」と言ったのであり、それが、間違えて伝えられているのだ。リシュリューは国家に反旗を翻し、反乱を企む輩に対して、いつでも逮捕状や死刑執行命令にペンでサインできるのだぞと脅したのである。

（筒井康隆『アホの壁』新潮新書、2010年。振り仮名は引用者）

「ペンは剣よりも強し」は、元を辿ると、その前に「権力の下では」の一句が付くのです。

ちなみにリシュリューとは、17世紀のフランスの政治家。世界史の教科書で「宰相（総理大臣みたいなもの）リシュリュー」と出てきますね。フランス国王ルイ13世に仕えた絶対的な権力者です。

すなわち、権力者がペンで死刑執行書にサインしてしまえば、剣で暴れた犯罪者は簡単に処刑できる。

だからして、ペンは剣よりも強い。

ペンは、権力という力を行使する道具。

そして"上の句"が忘れられ、"下の句"が勝手に独り歩きを始めたのです。

国家、体制、為政者の権力が前提条件だったはずなのに、その

「権力」は、いつの間にかマスコミの手に渡り、「反権力／反体制」の武器にすり替わってしまいました。
「情報の意味が、変質してないか？」
　と私。
「それが、この研究のテーマですよね？」
　と善甫博士。
「たしかにそうだ」
　と私。

　話を研究室から、この本に戻しましょう。
《発信された情報が、他人に伝わる過程で勝手に変質する》
　これが、この本の主題です。
　それでは週刊誌の現場で、マスコミが持つ権力の下に、情報が発信される過程を説明します。
　まず、事件などの現場で取材してきた素材を元に、記者が原稿を書きます。これを「データ原稿」といいます。
　そのデータ原稿は、編集者の手を経て、記事を書くライター（アンカーとも呼ばれる）に渡されます。ライターは文章力が高く、内容が読者に伝わるように原稿を仕上げます。しかも、ページにきちんと収まるように字数を合わせて。
　次に、ライターによって書かれた原稿（最終原稿）を、まず編集者が読み、必要があれば修正、チェックします。これを「赤を入れる」といいます。
　さらに、その原稿は、編集者の上司である担当デスク、副編集

長、編集長のチェックも受けます。

そして試し刷り（仮組ともいいます）が校正に回されます。この試し刷りを、出版業界では「ゲラ」と呼びます。

このゲラを、ふたたび担当編集者、デスク、副編集長がチェックして、ようやく印刷に回されます。

週刊誌として、情報発信の瞬間です。

つまり、人を殺せる武器となり得る「ペン」すなわちマスコミの情報発信は、マスコミの一角である週刊誌編集部では、訓練と経験を積んだ複数のプロたちによる、複数回のチェックを経ているわけです。

そして、時代は変わりました。

かつて情報発信はマスコミだけが果たせる社会的行為でしたが、SNSが使われるようになって以来、今では誰もがネットで情報を発信することができます。

権力はデジタル技術のおかげで、全員に平等に配られたのです。

状況は変わりました。

SNSでの情報発信は、個人が自由に、自分一人の判断で行なえます。すなわち、他人を殺し得る武器を、個人一人の判断で行使できるのです。

その結果、生じたのが「炎上」でした。SNS上で騒ぎとなり、情報発信者が職場で配置転換、さらには解雇。中には会社ごと倒産することもあります。

また、その内容によっては、警察に逮捕され、犯罪者になるケースもあります。

そして、最悪のケースが、自殺もしくは他殺の可能性です。

▶バイトテロ、リベンジポルノ……SNSを使う4つの目的

SNSを使った個人（または団体）の情報発信は、その動機と目的において4つのパターンに分類できます。

すべてに共通することは、その情報発信が「自分にプラスになる」という思いと考えがあることです。4パターンを順に見てみましょう。

①自己宣伝

自分が、「素晴らしく、スゲーこと」を「考えている」「考え出した」「しようとしている」「した」……等々を、ネット上で発信します。

しかしこの情報発信が、なかなか世間に認められないと、犯罪ギリギリ、いや犯罪の現場そのものを"自撮り"して、画像をSNSにアップします。そのため警察に逮捕されるという事件が発生しています。

または、その画像を撮られた犯行現場の店舗や企業が、閉店、倒産せざるを得なくなるといった、情報発信の当事者以外にも被害が及ぶ事案も発生しています。

そう、「バイトテロ」と呼ばれるジャンルです。

つまり今は、誰もが、SNSを利用してテロリストになれる時代になったのです。

②自己防衛

例えば、大手のファーストフード店などで、食べた物に異物が混入していた。

店員に届けるが、まったくその事実を無視。その上役である店長も、現場でその事実を揉(も)み消そうとしている。

この状況を放置すれば、異物混入の"被害者"であるはずなのに、クレーマー扱いされかねない。そこで、その個人は、自分を護(まも)るために画像をネットに投稿する。

皆が気づき、大騒ぎとなる。

このように、力を持たない個人が、ネットの力によって大企業と戦える武器を持ったことになります。

一方、ただの悪戯(いたずら)で、嘘の「混入コラ写真」を作って騒ぎを狙う場合もあります。これは、①の自己宣伝のカテゴリーに入ります。

また、この自己宣伝の延長として、コンビニの商品に異物を混入する動画をSNSに上げる者もいます。その個人は犯罪の模様を情報発信することで、警察との勝負を意図しています。「バイト・テロリスト」を超える「愉快犯的反体制・テロリスト」と命名していいでしょう。

③他者への攻撃

最初から他人を攻撃、誹謗(ひぼう)中傷するために、情報発信します。

例えば、男が女から「別れたい」または「別れましょう」と言われた。その男は彼女、いや今は元彼女になった女と撮ったHの最中の写真や動画を、SNSに上げる。

「リベンジポルノ」と言われる行為です。

④反論

自分と異なる主張をする個人、団体に対して、自らの持論をSNS上に発信し、反論を開始する。

反論には、さらに反論が寄せられることもありますから、どちらか一方が論破する／されるまでエンドレス・ゲームが続きます。

▶ネット上で変質する情報

以上、4つのパターンに分類しました。言い換えれば、「SNSの4つの使い方」です。そこには、前述のように「自分のプラスになる（だろう）」という思いがあります。

しかし、自分のプラスになる、利益が得られると思って発信した情報が、現実ではマイナスに変質して、発信元（個人または団体）に戻ってくることが頻繁に起きています。それが「炎上」と呼ばれる現象です。

そこでは、ネット上で、個人または団体（マスコミを含む）が発信した情報の「変質」が発生しています。

私たちの研究グループは、その「ネット上での情報の変質」を、

《Informing》（インフォーミング）

と名付けました。

英単語の Informing は動詞 inform（知らせる）の活用形ですが、

私たちが命名した《Informing》は「SNS 上に発せられた何らかの情報が、現在進行形で変化、変質していく様子」を表わします。

どういうことか、定義してみましょう。

《個人または団体 a から発信された情報 X_a が、受け手の個人 b に受信される。その個人は、情報 X_a に自らの意見、考えを付して、ネット上に X_b として発信する。

その瞬間、情報はネット上で最初の情報から変質し、Informing を開始する。

Informing は、やがて情報の環流を発生させ、発信源の個人または団体に、プラスもしくはマイナスの形で戻っていく》

発信した情報が Informing の結果、マイナスの形で発信源に戻って（返って）きた時、人を死に追いやることがあります。また、関係する人物が警察に逮捕されたり、勤務先から解雇されたり、関連企業が倒産に至る可能性もあります。

したがって今は、世界中のネットに繋がるスマホ、PC を持った人々全員が、情報発信という武器を持って、殺し合いをしているのと同じ状況なのです。

Informing の概念を二つの図で説明しましょう。

まず《図１》。これは個人の発した情報が還流する過程で、マスコミが介在しないケースです。

図１の a が情報発信者、b が受け手、X が情報です。

a が、不特定多数になり得る b に、X という情報を X_a として発

1章　「炎上」が描く4曲線

図1　Informing（インフォーミング）とは何か

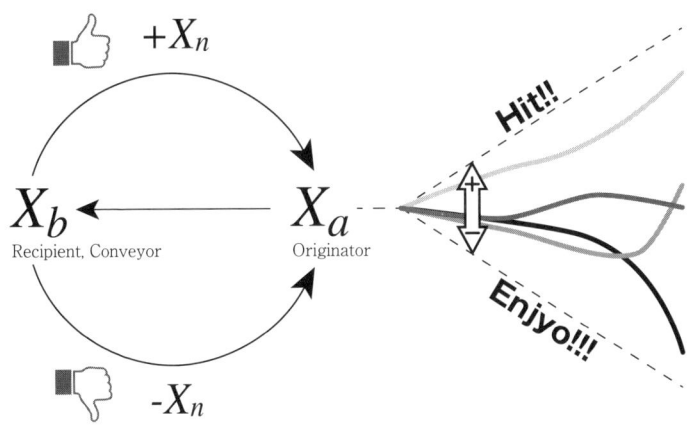

情報発信者aが受け手のbに情報XをX_aとして発信すると、bの意見などを加えた情報がX_bとなって発信される。その瞬間、情報は変質しInformingを開始する。やがて情報は還流し、プラス（$+X_n$）もしくはマイナス（$-X_n$）の形で戻っていく。マイナスが続くと「炎上」が始まる。

信します。

　SNSを通して、その情報はbに至ります。

　そして、bの意見、意思、考えを付加した情報が、X_bとなって発信されます。

　この時、bが「いいね！」で発信した場合は、$+X_n$となって発信元に帰り、世間に「拡散」します。

　図1の右半分に、グラフのような曲線が描かれていますが、これは炎上／拡散の度合いを数値で解析し、視覚化したものです。P26以下で詳しく説明します。

　「いいね！」で$+X_n$となった情報の拡散が連続すると、曲線は上

昇し続けて、「ヒット」となります。

　発信元の a は、自分の意図したとおりの+（プラス）になり、希望は達成されます。

　しかし、世間はそう甘くありません。

　受け手の b が X_a を気に入らず、否定的なコメントを付けて発信すると、$-X_n$ となります。

　これが拡散して、さらにマイナスが続くと、Informing 曲線は下降します。

「炎上」の始まりです。

▶「全員がジャーナリスト」の時代

　2014年9月に、CNN ワールドワイドのジェフ・ズッカー社長が
「今は、全員がブログを持ち、全員がジャーナリストなのです」

"Everyone have a blog, they are all Journalists now."

と言っています。

　たしかに「全員がジャーナリスト」なのですが、高度に訓練されて豊富な経験を持つジャーナリストは、ごく一部の存在でしかありません。

　その他大勢は「ジャーナリストの機能を持った人々」なのです。

　しかし、その誰もが情報発信できるのが現代です。

　これまで見てきたように、個人が情報発信する場合、その情報は自分にプラスになると想定したものです。ところが、それはSNS

図2 SNS登場以前と登場以後の「情報」

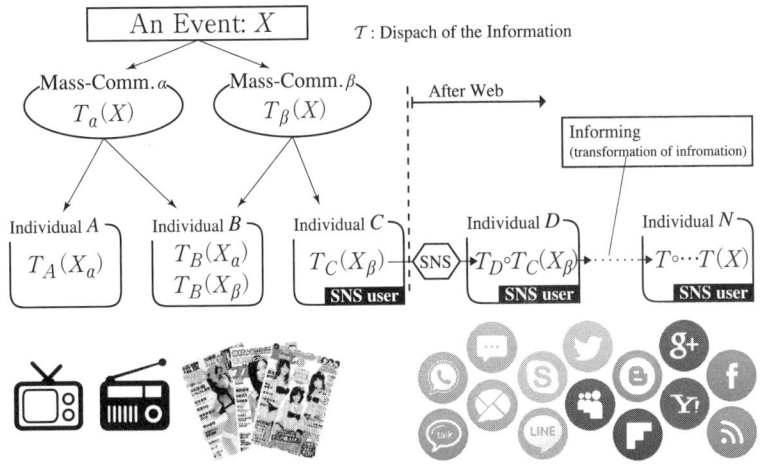

かつて、情報発信機能はマスコミ（テレビ、新聞、雑誌などのマスメディアのこと。上図では「Mass-Comm.」と表記）だけが持っていた。受け手はその情報を限られた範囲に「拡散」した。しかしSNS登場後の現代（上図の「After Web」参照）は、誰もが自由に発信でき、情報は不特定多数の間に拡散する。

を通すと、プラスにもマイナスにも変容し得ます。

　この情報変容がInformingであり、情報変容の概念を社会構造で示したのが《図2》です。

　図2の左半分は、かつて情報発信の機能をマスコミだけが持っていた時代の情報の流れを示しています。

　この時代は、マスコミ（テレビ、ラジオ、新聞、雑誌など）から情報が発信されていました。受け手は、それらの情報を見聞きしたり、読んだりして受け取ります。

　そして受け手は、その情報に自分の考えを付加して、直接、また

は電話で、または手紙で他人に伝えました。

この方法での受け手の情報拡散能力が行使されたのは、非常に限られた範囲と人数に対してだけでした。

しかし、今はSNSがあります。図2の右半分のように、情報発信はマスコミだけの機能ではなく、個人全員がその能力を有し、行使できるようになりました。

個人が自由に発信できるのです。その個人（または団体）は情報発信機能と情報拡散能力という点において、マスコミと同等の位置に立ったのです。

マスコミは言うに及ばず、匿名性を帯びた個人（または団体）が情報を発信し、その情報がInformingして発信元であるマスコミや個人、団体にプラスまたはマイナスとなって返ってくる。こうした事例が頻繁に発生するようになりました。

▶情報の還流を数式化すると

私たち研究グループは、この「情報がプラスまたはマイナスとなって帰ってくる」（情報還流）を数式化しました。

例えば「ニュースとなり得る事象」を X、「個人や団体」を x、「事象に対する個人・団体の意見、解釈」を X_x としたとき、以下のように定義します。

$$X_x = T_x(X)$$

ここで T_x は、情報伝達を表わす演算子です（情報を発信する個人の主観に基づく考え、賛成反対の意見、好き嫌いの意思などが含まれます）。

　情報が伝達されてゆく、あるいは情報を伝達するプロセスに、個人／団体が介入することで、情報は Informing します。

　先に、Informing の定義を「ネット上での情報の変質」と述べましたが、ネットの出現以前にも Informing は見られたと言えます。それは広義の Informing です。

　図２の左半分で説明します。

　情報の伝え手が２者（マスコミ α，β）、世論を形成する個人が３者（個人 a、b、c）として、個人 a はマスコミ α のみを，個人 c はマスコミ β を，個人 b は α と β の両方から情報を伝達されるとします。

　すると、a、b、c それぞれの意見・解釈はこうなります。

$$X_a = T_b(X_\alpha) = T_a \circ T_\alpha(X)$$
$$X_b = T_b(X_\alpha + X_\beta) = T_b \circ T_\alpha(X) + T_b \circ T_\beta(X)$$
$$X_c = T_c(X_\beta) = T_c \circ T_\beta(X)$$

　しかし、誰もがSNSユーザーとなり、情報の伝え手となれる現在は、様相が異なります。情報がネット上で Informing を起こし、個人 n の意見・解釈は……

$$X_n = T \circ \cdots \circ T(X)$$

このように、何人もの主観を経たものとなります。

図1（P21）をもう一度ご覧ください。

自分にプラスになると意図して発信した情報が、他者の主観を経て変質するInformingの結果、その情報発信者にとってネガティブになってしまうことが起こる場合があります。

それが「炎上」（下降曲線）です。

対して、ネガティブではなくポジティブな場合は「ヒット」（上昇曲線）です。

▶分析・解析の方法

これらSNSによる「炎上」と「ヒット」をどのように分析したのか、説明しましょう。

研究グループは、ネット上の「炎上」または「ヒット」したケースの中から、Informingしていると推測されるケースを複数件、選び出しました。そのうえで、ネット上に残った全データを抽出し、検証しました。

そして篩にかけ、Informingが顕著に発生した6個のケースを残しました。総計で数万件のデータを、一つずつ、人の手と目と頭で解析していったのです。

その解析方法ですが、残されたログを一つずつ読み込み、判定するという愚直な作業から始まります。

発信された情報に対して、SNSユーザーの考え・意見・解釈を、以下のように分類しました。

・「好き」「賛成」「好意的」は、＋（プラス）
・「嫌い」「反対」「悪意」には、－（マイナス）
・中立的意見、その他には、0（ゼロ）

　このように意味的に分類して評価を与え、6ケースすべてのログを読み進めました。
　この作業がどのように進められたのか、《ケース4『スタディギフト』》（P92以下で詳述します）を例に説明します。
「スタディギフト」とは、ネット寵児の一人、家入一真氏の肝煎りで始めた、貧しい学生を助けるという"あしながおじさん"のネット版……だったはずが、発信後、あっと言う間に炎上し、さらに大炎上して墜落。そして地表にクラッシュした後も、さらに地面を掘り進んだため、土を埋め戻して固める作業となりました。

　まず X_a として、情報発信者 a となる家入氏が、下記をネット上に発信する。

　>study giftいいでしょ。もうすぐだから待っていて

　＋に振れて、良い方向に離陸することを望んでの発信です。
　その情報は受け手の b に渡され、b はその感想、意見を X_b としてネットに発信する。b が好意的にRT（リツイート）して返してきているのが、下記。

>RT @vt＊＊＊: 家入さんちょー尊敬する。あんな大人になりたい。studygiftとかいいな。ただ単に馬鹿ばっかやってない。

この場合はプラス評価です。反対にマイナスの評価もあります。

>studygift、この子って別に大学卒業しなくても食っていけそうだから支援する気にならないhttp://t.c＊＊＊

プラスとマイナスの評価が混じり、情報変質＝Informingの始まりです。

さて、これを数値化して、グラフ曲線にするためには、数式化しなければなりません。ニュースとなり得る事象Xを起こした本人に対する肯定的／中庸的／否定的意見を数式化するのです。

その数式は、以下のとおりです。

私をはじめとする評定者kが、事象Xに関する個人iの意見に対して、肯定的と判断した場合には、

$\epsilon_k(T_i(X))=1$

中庸的と判断した場合には、

$\epsilon_k(T_i(X))=0$

1章　「炎上」が描く4曲線

図3　「炎上曲線」をどのように求めるか

番号	TwitterID	これまでの出現回数	今のツイート数	今のフォロー数	今のフォロワー数	「今」の時間	TweetContents	判定	TweetTime
1	hb***	1	23039	2639	46534	2012-12-26	studygiftいいでしょ。もうすぐですので待っててRT @vtia	+!	2012-05-12 02:01:08 +0900
2	lha***	1	41364	4268	26981	2012-12-26	学費パトロン「スタディギフト」は5/17リリース。ヨシナガさんが企画！これは楽しみ	+	2012-05-14 11:09:20 +0900
3	mg_fr**	1	6536	642	370	2012-12-26	【メモ】学費が払えず学業を諦めてしまう学生向けクラウドファンディング「Study gift」	+	2012-05-14 11:11:45 +0900
4	tak***	1	1665	436	313	2012-12-26	学費パトロン「スタディギフト」は株式会社でも個人でもない、海賊スタイルの組織「liverty」	+	2012-05-14 11:15:25 +0900
5	fuka***	1	3701	615	795	2012-12-26	study gift 家入さんたちの (@hb**) サービス。学生の俺も支援したいなー。お金はないけど	+	2012-05-14 12:39:56 +0900
6	nora***	1	N/A	N/A	N/A	2012-12-26	study gift っていう学費支援プロジェクト自体はヨシナガさんが先導している感じなんだ。	+	2012-05-14 13:50:32 +0900
7	M_UN***	1	18730	94	313	2012-12-26	教科書シェアできたら素敵 "@fuka***: study gift 家入さんたちの (@hbkr**) サービス	+	2012-05-14 13:58:10 +0900

ネット上に残された膨大なログを一つずつ読み込み、肯定的な意見はプラス（＋）、否定的な意見はマイナス（－）、中立的な意見はゼロ（0）と判定した。図の下段はその解析データ（アカウントとコメントの一部を伏せ字にしている）。このデータを数式化してグラフにした。

否定的と判断した場合には、

$$\epsilon_k(T_i(X)) = -1$$

こうなります。

上記の数式で、ϵ_k は「符号化関数」と呼ばれるものです。

ここで研究の科学性と客観性を担保するため、いくつかの数式を挙げてゆきます。やや難解になりますが、お付き合いください。

意見の順序 t をタイムスタンプ（デジタルデータの存在を示す時刻証明）に沿って割り振り、t の時点での形成された世論 $Y(t)$

を、次のように定義します。

$$Y(t) = \sum_{j=1}^{t} \epsilon_k(sj)$$

さらに、

$$\lim_{t \to \infty} Y(t) < 0$$

となった状態を、X が「炎上」したと定義します。
逆に、

$$\lim_{t \to \infty} Y(t) > 0$$

となり続けた場合は、「ヒット」と定義します。

数式で、$s_t(X)$ はタイムスタンプでソートされた $T_i(X)$ となります。また、実用を考えた場合、すべての $s_t(X)$ に対して ϵ_k を求めることは困難です。

そこで研究グループは、t に関する無作為抽出との比較を試みました。

私だけの評定では、ϵ_k はオペレーターの主観に影響を受けるため、学生たちに評価試験を手伝っていただきました。

数万件のデータを評定するには、膨大な時間がかかります。そこで、ケースの全ツイートの中から任意抽出した150件について、好

図4 分析で検知した4タイプの曲線

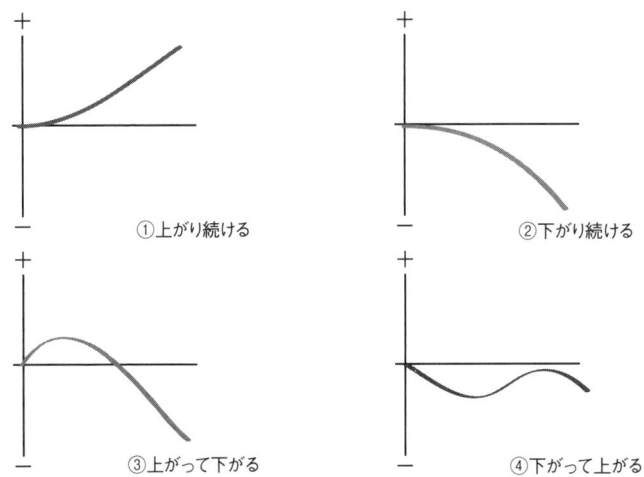

「いいね！」が続出して「ヒット」すると①のようなカーブを描く。逆のケースである②が炎上で、下向きの角度が鋭いほど激しく炎上していることを示す。③は途中から炎上、④は炎上の「消火」に成功した例。

意的／中立／非好意的に分類・評価してもらったのです。

　私と学生たちと、2者の分析で、ケースによっては曲線の変化が異なりました。個々のケースで分析、評価していますが、いくつかの興味深い違いが出ています。

▶「炎上」は4タイプの曲線を描く

　そして分析の結果、4タイプの曲線が検知できました（図4）。それぞれ見てゆきましょう。

①曲線は上がり続ける

　全データで、プラス評価がマイナス評価を圧倒し、常に曲線は上昇し続けます。P30で「ヒット」と定義した下記の数式のケースです。

$$\lim Y(t) > 0$$

　発信した情報に対して「いいね！」が続出し、「ヒット」した場合、このケースの曲線を描きます。
　マーケティングの世界では、長期にわたって売れ続けるロングヒット商品の売れ行きの推移をグラフ化した時、「ロングテイル」と呼ばれる曲線を描きますが、その曲線は下がり続けます。
　一方、SNSを通じて「ヒット」した曲線は上がり続けます。
　研究グループは、この上がり続ける曲線を、

《昇竜＝アップドラゴン》曲線

と名付けました。
　常に上がり続ける曲線は、「いいね！」などの好意的な意見、考えが多数を占めて、否定的な発信を少数にしてしまいます。
　天に昇る竜に喩え、このネーミングとしました。

②曲線は下がり続ける
　曲線が、０からいきなり下がり始めるケースです。これは単純な

「炎上」です。曲線は一度も数値0を超えることがありません。以下の数式で表わされる状態です。

$$\lim Y(t) < 0$$

　この曲線の下降する角度が鋭いほど、激しく炎上しています。
　逆に、下降する角度が緩やかな場合は、炎上が「消火」される傾向にあるということを示します。
　研究グループはこの曲線をこう命名しました。

《ダウンヒル＝直滑降》曲線

　スキー競技のダウンヒルは、スタート地点から一度も上がることなく、直滑降で斜面を下り続けます。
　単純炎上の場合、その炎上速度は加速し続け、情報 X を発信した個人または団体が燃え尽きるまで続きます。
　炎上が終わりを迎えるのは、「世間が、その炎上祭に飽きた」瞬間です。その先には、情報を発信した個人（または団体）に、世間（または公権力）が下す、厳しい御沙汰が待っています。

③曲線は上がって下がる
　0からスタートし、初めは上がり、やがて下がる曲線です。自分にとってプラスとして発信した情報が、ある時点(t)で Informing を発生し、マイナスに転向して曲線が下がります。

マイナスに転向した段階からが「炎上」で、Informing が最も顕著に表われた瞬間です。
　研究グループは、この曲線を童謡に着想を得て、

《どんどん橋、落ちた》曲線

と名付けました。
　木製のアーチ型の橋が大河に架けられましたが、その長さが川幅に足りなかった。そのため歩行者は川を渡れず、0の水面に落ち、深いマイナスの水底に沈んでゆきます。
　最初のプラスの期待度が高いほど、炎上を開始した時の落ち込み方の角度は急になります。

④曲線は下がって、上がる
　一度は炎上して、曲線が下がります。しかし、何らかの対策で消火に成功し、曲線は上がります。
　この曲線は、その形から以下のように命名しました。

《ホッケースティック》曲線

　アイスホッケーで使われるスティックの形状と似ているからです。
　P118以下で述べますが、このホッケースティック曲線を描いたケースでは、「炎上アナウンス」と言うべき、新しいテクニックが

観察できました。
　人類が火を手に入れて、急速に文明が進歩したように、道具としてのSNSの使い方も、日々、進化している証です。

　それでは次章から、個々のケースを細かく分析してみましょう。

2章

「炎上」と「拡散」のアナリシス①
―― 「いいね！」でヒット！か、「デジタル処刑」か?

▶上昇曲線──『タイタニック』ケース

　第1章で触れたように、マーケティング上のロングヒット商品は「ロングテイル」と呼ばれますが、Informingの場合は「昇竜＝アップドラゴン」。曲線は、ずっと上がり続けます。

　そのケースとして、映画『タイタニック』がテレビ地上波で放映された際の視聴者による反応を考察します。

　プラスから始まり、永遠に0にならない X_n 曲線の解析です。『タイタニック』は1997年のアメリカ映画です。その後、日本のテレビ地上波で数回にわたり放映されましたが、2014年1月、深夜枠で久々に登場。

　この時、SNSユーザーたちがネット上でどのような発信をしたのか、分析してみました。

　ちなみに私（小峯）は、この作品のジェームズ・キャメロン監督とは個人的に親交があり、『ターミネーター2』『トゥルーライズ』に、チョイ役で出演させてもらったことがあります。

　そうした関係で、『タイタニック』の撮影現場にも2週間、滞在しました。あの大型客船が沈むシーンを取材したのです（この模様は集英社インターナショナル刊『豪快！映画学』に詳しいのでご参照ください）。

　世界的に大ヒットした映画。それは、どんな X_n 曲線を描くのか……。

　判定は研究グループの基準に則（のっと）り、肯定的な意味にはプラス、否

図5 視聴者は『タイタニック』にこう反応した

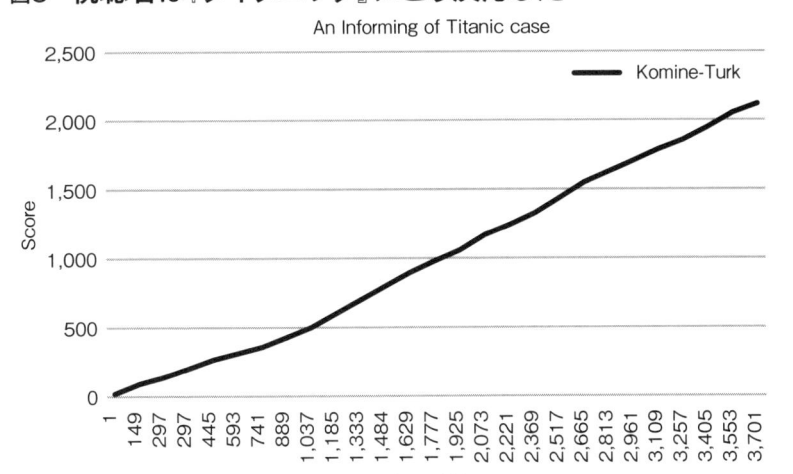

An Informing of Titanic case

（グラフ：Komine-Turk、横軸 Number of Tweets、縦軸 Score）

テレビ地上波の深夜枠で放映された『タイタニック』。本編上映から年月が経過しても、ネット上では肯定的な意見が続出して、X_n曲線は図のように上昇を続けた。世界的なヒット映画が持つポテンシャルは衰えを知らないようだ。

定的な意味にはマイナス。立場がニュートラル、または笑いを取る目的のつまらないジョークや映画『タイタニック』と関係のないミュージカルへのコメントは0としました。

　まず、キャメロン監督の製作した『タイタニック』が、圧倒的な巨船として登場します。これがX_aとなります。
　映画をテレビで見た視聴者は、各自がその巨大客船の乗客のように、プラス評価のX_bを発信し始めます。
　タイタニック号は北大西洋に沈みましたが、テレビ映画『タイタニック』のX_n曲線は、沈没する気配がありません。少数のマイナ

ス意見／解釈はありますが、圧倒的なプラスでタイタニックは出航します。
　分析したデータを紹介しましょう。

　　>177　初めてタイタニック見てる

と、"初乗船"の客もいます。
　なお、データの冒頭にある数字は、ツイッターなどでその情報発信がなされた順序に従って、研究グループが付したものです。本書では以下同様に、すべてのデータにナンバリングを施しています。
　続けましょう。

　　>214　多分だけど隣の部屋の人、大音量でタイタニック見てるｗｗいいなーあたしも観たいー←
　　>264　タイタニックの曲流れてる～見たくなってきた～（。-_-。)

セリーヌ・ディオンの、あのテーマ音楽がかかると、自動的に『タイタニック』を見たくなる。そんな「パブロフの犬」的な反応を見せています。これが人々に『タイタニック』を何度も見させるような原動力となるのでしょう。

▶肯定的なコメントの連続

　また、1件のツイートに対してRT数が「1」であることが圧倒

2章 「炎上」と「拡散」のアナリシス①

的に多いのも特徴的です。一度、ツイートして、あとは映画（番組）を見てしまうと推定します。

>295　タイタニックまた観てみたいなぁ〜

そして、すでに映画を見ている人も、「また見たくなる」というプラス情報を発信。X_n 曲線は順調に飛翔を開始します。

>359　私の誕生日はタイタニック号が出航した日でお姉ちゃんの誕生日は沈没した日。なんか奇跡を感じてしまう（///∇///）笑
>478　とある旅行パンフレットに、「映画『タイタニック』のような船旅をしませんか?」と載っていたが、私は遠慮しておく。

次第に面白いジョークが炸裂し始めます。
X_n でプラスとマイナスが拮抗し、丁々発止のやりとりが続く時は、気持ちが暗くなる発言が見られます。しかし「昇竜＝アップドラゴン」曲線では、楽しい発言が圧倒的に多いのです。

>496「タイタニック」で実物大の船のセットを作ったものの大きすぎて片側しか作れなかった☆そこで反対側の舷のシーンは小道具や装飾を全て左右反転した物に入れ替えて撮影し、フィルムを反転させている!!!

撮影現場にいた者としては、ツッコミを入れたくなるコメントも出てきます。

説明します。

タイタニックの実際のセットは、前部と後部に分かれています。

後部は、あらかじめ斜めに沈む方向で固定。前部が、深いプールの中に垂直に沈む仕掛けになっていました。

496氏の「反対側の舷のシーンは小道具や装飾を全て左右反転した物に入れ替えて撮影し、フィルムを反転させている」は真実ですが、これは巨大セットの左舷側しか海に面していないからです。

右舷を撮ると、そのままメキシコの陸地が映ってしまいます。そこで考え出されたのが、前部と後部を分けたセットです。

現場にいると、帽子の文字が左右逆になった水夫が行き来していたりで、目が変になりました。

「なんでなんだー？」

私は現場でキャメロン監督に、この仕掛けを説明してもらいました。

ツッコミ、失礼しました。すみません。

>670　妹がタイタニック見始めちゃった…あたしも見ちゃうやないかいw
>752　パパから借りたタイタニック観てるq（q'∀`*)

「752」の人はDVDを「パパから借りた」と推測しますが、こうして連鎖的に感染するように、皆が『タイタニック』を見るように動き出します。

>960　#びっくりニュース #世界 中国で実物大タイタニック号ミュージア

ム建設へ、難破体験も:［香港１３日ロイター］-中国の四川省に、実物大のタイタニ…　http://t.co/Ri＊＊＊＊

途中からこのニュースが登場して、プラス方向へのさらなる燃料投下となりました。そのため、プラスと判定します。

一挙にフォロワー数も増えました。フォロワー数の多い人のツイートは、X_nを一気に加速させます。

中には舞台（ミュージカル）の『タイタニック』を評するツイートもありましたが、評定者としては、日本人が好きな「その舞台を見た人たちだけが分かるというインナーサークル」的な発言の連続なので、０と判定しました。

>1245　欲をいえばタイタニックのときのレオ様を生で見たかったな←

現場で２週間、レオ様をずっと生で見ていて、さらにいろいろな話をしました——と言いたい私です。

>1407　タイタニックでジャックがローズの絵を描いているシーンでアップになる手はジェームス・キャメロン監督の手。

そーなんだー、今度、本人に聞いてみよう。ちなみに『エイリアン２』に登場するエイリアン・クイーンの鳴き声は、キャメロン監督本人です。

▶なぜ曲線はプラスに上がり続けるのか

　さて、情報発信開始から52時間ほどが経過した頃から、中国のテーマパークでタイタニック号が復元される（通称・沈没ランド）という話題が集中的にアップされ、さらにフォロワー数が増加します。

　＞1719　タイタニック号を復元、「衝突」体験も　中国のテーマパーク http://t.co/VB＊＊＊
　＞1720　AFPBB News 中国企業がタイタニック号のレプリカ建造へ http://t.co/yx＊＊＊

　この話題にマイナスの嵐が吹き荒れるのは、発信順序で1900番台に入った時からです。さらに、2070番を数える頃にはツイートが集中する状況が見られます。

　＞2074　何故に沈没を再現したのか…流石は中国というべきか？- 中国でタイタニックのレプリカ建造、沈没体験も可能：ギズモード・ジャパン http://t.co/2K＊＊＊　@gi＊＊＊さんから

　しかし、上昇を描く昇竜の X_n 曲線には、大筋で何ら影響がありません。沈まぬ映画『タイタニック』人気の本領発揮となります。

>2269　映画「タイタニック」(1997)の貴重なメイキング写真33枚 http://t.co/fF＊＊＊

「現場に２週間いましたから、そのような写真は数百枚、まだ持ってます」と私は言ってみたくなります。

　昇竜曲線のときは、皆がこの X_n に参加したくなるような雰囲気が醸成されます。

>2346　映画にもなって有名な「タイタニック号」には、日本人が一人乗っていて、しかも生還している。細野正文（ほそのまさふみ）という人で、元YMOの細野晴臣（はるおみ）の祖父である。

このような豆知識も出てきます。そう言えば、世界初の試写会が日本の東京で行なわれた時、会場で私の前に座っていたのが、細野晴臣さんでした。

　思わず挨拶しました。おそらく細野さんは私のことなどご存知ないと思いますが、ご祖父様がタイタニックから生還しなければ、そこにいない人なのかと思うと、感動してしまいました。

>3157「企業経営」とかけて「タイタニック」ととく、そのこころは「傾くのは、風切って大きく手を広げてた後。」ＴＬ見てなぞかけ。興味深い記事をありがとうございます。RT @Exc＊＊＊ 任天堂、250億円の純損失＝営業赤字は３年連続 http://t.co/Bq＊＊＊

深みのあるコメントも飛び出します。ためになります。

>3676　ジョン・ウェインは、これに続きオスカーも受賞するわけですが、彼の受賞の期待で、その授賞式の視聴率が史上最高だったんです。(「タイタニック」旋風1998まで) RT@ro＊＊＊隻眼のルースターコグバーン、身体の如くでっかいガッツがありました。音楽も好きです。

さらに、へぇーと思わせる知識も登場します。ためになるのが、アップドラゴン＝昇竜曲線の特徴と言えます。

>3728　TSUTAYA3件まわって来たけど全部タイタニック貸し出し中じゃった（笑）

こうしてブームはずっと回転し、そしてX_n曲線はプラスで上がり続けるのでした。
　何度目かの再放映であるにせよ、『タイタニック』を初めて、新たに見た人は感動し、もう一度見た人は再感動し、「また、見たい」を胸に秘め、頭に記憶して終わる。
　そのポテンシャルは、次回のプラスX_n曲線＝アップドラゴンを描く燃料として、備蓄されているのです。

▶**下降曲線**──「アイスマン」ケース

　マーケティング理論における「ロングテイル」の逆版、すなわち

永遠にプラスに転ずる《昇竜＝アップドラゴン》は、「タイタニック」ケースで検証できました。

今度は、「ロングテイル」と同じ曲線を描く X_n 曲線を検証してみます。

それは X_n 上で、プラス／マイナスのバトルが一切なく、最初から「爆発炎上」して、マイナスのまま沈んでいく曲線です。つまり単純に最初から炎上しているケースです。

「これ、違うんじゃない？」
「これって、酷くない？」
「これ、空気、読めてないよね？」
「こいつ、馬鹿じゃないの」
「こいつ、許せないよね？」

などの意見と疑問提示で始まる「単純炎上」で、本人は良いと思っていても、"ネット世間"が許さないというケースですね。その意味解析を試みます。

それは2013年の暑い夏、京都でのことでした。コンビニのアイスケースに入った高校生が、エキスプローーラー気分でネットに写真を投稿したのがきっかけです。

その画像を見たSNSユーザーたちが反応しました。
「これって、いいの？」
で、炎上。

写真を投稿した高校生は特定されて、警察に逮捕されました。「自分のプラスになる」と思って画像を投稿したけれど、この場合

は一気にマイナス墜落して、逮捕にまで至っています。

　ネット空間に情報発信した結果、犯罪者となる。この高校生が受けたのは《デジタル処刑》でした。

　研究グループはこの事例を「アイスマン」ケースと名付けました。その意味解析をしてみましょう。

▶「バカッター」の登場

　ネット社会は日々、技術革新が進んで新しいサービスが導入されます。しかし、それに適応できない人々がたくさんいます。偏差値の高低ではなく、一般に「頭の悪い人」と呼ばれる属性の人々は、ネット社会における社会的弱者であり、新技術・新サービスに、なかなか適応できません。

　それでも技術革新は進みますから、彼らは否応なく新技術・新サービスに向き合います。すると、どうなるか。

　分からない道具を使いこなせず、罠に落ち込んでいくのです。その時、「空気が読めない」とか「馬鹿」と罵られ、SNSユーザーの間では「バカッター」と呼ばれるようになります。

　これは、新しい社会的弱者の集団による"いたぶり"となっているのではないか。本ケースの意味解析をして、そう思いました。

　同時に、「バカッターたち」が引き起こす、予測不能でとんでもない事態に対して、企業が適時にリアクションを起こさなければ、損害を被る事態も出てきています。

　これまで、「自分がプラスになると思って発信した情報」を X_a 、

図6　すぐに本人が特定され、大炎上

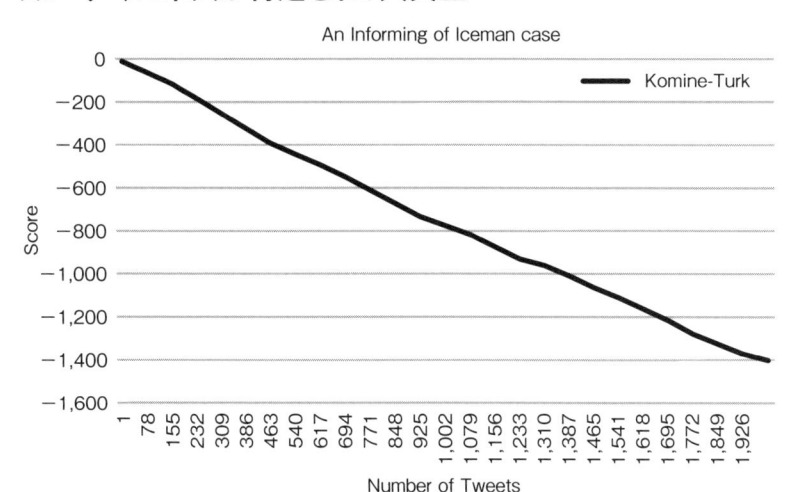

An Informing of Iceman case

（グラフ：Score vs Number of Tweets、Komine-Turk の線が 0 から -1,400 付近まで単調に減少）

コンビニのアイスケースに入って画像をSNSに投稿した高校生。氏名や住所が特定されただけでなく、激しいバッシングを受け、逮捕されるまでに至った。デジタル空間での"処刑"と"祭り"の典型。

それに対して「＋／－の意見を発信する受け手」を X_b としました。

さらにその先に、企業＝Company に波及する X_c がファクターとして出てきたわけです。

そこで「アイスマン」ケースを意味解析します。

始まりは、ネット上に投稿されたニュースです。長文ですが、引用します。

＞1　京都府向日市のコンビニエンスストア「ミニストップ向日寺戸町店」

で、若い男性とみられる客がアイスクリームの冷凍ケースに入って横になり、その様子が短文投稿サイト「ツイッター」に投稿されていたことが（注・2013年7月）25日、分かった。ミニストップは同日、ケースを交換し商品を全て入れ替えた。府警向日町署に被害届を出す方針。同社によると、男性は23日夜、複数で来店。店員が接客中、うち１人が冷凍ケースに入ったらしい。店員の関与はないという。同社は25日朝になってネット上で話題になっていることを知った。広報担当者は「今後は店内の監視強化などスタッフの教育、指導を進めたい」としている。同店で23日午後10時25日正午の間に販売したアイスクリーム類は返金に応じる。高知市のコンビニエンスストアでも今月、男性アルバイト店員が冷凍庫に入った様子を友人に撮影させ、交流サイト「フェイスブック」で公開したことが発覚した。
http://mainichi.jp/select/news/＊＊＊
・京都府向日市のコンビニエンスストア「ミニストップ向日寺戸町店」で、若い男性客がアイスクリーム陳列ケース内に入り、その様子を撮影した写真が簡易投稿サイト「ツイッター」に掲載されたとミニストップが25日に発表した問題で、撮影・投稿したのは同府内の高校２年の男子生徒だったことが、同校への取材でわかった。生徒は同校の調査に「仲間２人と一緒にやった」と説明したという。同校関係者によると、24日夜に外部から指摘があり、同校が25日に生徒から事情を聞いたところ、事実関係を認めた。同校は「処分を検討する」としている。他の２人は同じ高校ではないという。
http://www.yomiuri.co.jp/national/news/＊＊＊
※問題の画像http://px1img.＊＊＊

　このニュース投稿に対する最初の X_b（受け手の意見）は、こう

2章 「炎上」と「拡散」のアナリシス①

でした。

　>2　ざまあああああ

　そしてすぐに、基本的な"いたぶり""嬲（なぶ）り"の方向性が決定されます。

　>10　ゆとりは頭が悪いので、叱られても何が悪いのかわからない　賠償金を請求されて、はじめて事の重大さを理解する

　賠償金という尺度が提示されました。ものごとの一番分かりやすい尺度は金銭です。
　そして、金銭の次に分かりやすい尺度が提示されます。この時点で当該高校生が通う学校名が特定されています。

　>26　京都＊＊ってあの有名な南＊＊より偏差値1低いんだな　まさか＊＊＊より馬鹿な高校があるとは　京都ｗｗｗｗｗｗｗｗｗｗｗｗ

　大切なのは偏差値の数値。少なくともこのネット空間では、分かりやすい偏差値という尺度が共有されています。
　そして「15　いくらくらい賠償請求されるのかな」というコメントに対して、

　>37　>>15　アイスケース代、アイスケース廃棄代、商品廃棄代、対応し

たミニストップ社員の人件費、内装業者への支払い代金、アイスケース交換中は店を閉じるから営業時間1時間ぐらい？の遺失利益。これだけ請求されると実費だけで200万ぐらいすんじゃないかね。

具体的な賠償金の額です。
　X_n 曲線は、偏差値と金額を物差しにして進み始めます。圧倒的にマイナスの X_n しかありません。

>62　ぼくがかんがえたでんせつのゆうしゃ　名前は＊＊＊＊　性格は目立ちたがり屋　住まいは京都府長岡京市＊＊＊＊というマンション　学校は京都＊＊高等学校（偏差値35以下）　武勇伝はミニストップ向日寺戸町店のアイスケースに入ったこと　家族に妹がいる　見ちゃいやん

レスポンス（X_b）の数が、まだ2桁台にもかかわらず、本人の氏名・住所・家族構成が特定されます。
　続いて、当事者の処分についての言及がなされます。

>72　退学
>107　>>72　進学校でもなければ無いだろうな　公立なら重くて謹慎処分ぐらいだろう　または夏休み期間だから奉仕活動とか　反省文書いて終わりな気もする　しかし、これぐらいで退学はちょっとな　常識が無いのは当たり前だが　そこを含めての教育だろうに・・・（普通は中・・・小学校までに分るだろうが）

ひたすらマイナスを描く X_n 曲線。まさしく「炎上」です。舞台はかの有名な「2ちゃんねる」ですが、ここで炎をさらに激化させる"燃料投下"が始まります。

それは、「アイスマン」の高校生本人と思しき人物による投稿でした。

▶炎上のための「燃料」が投下された

>151　写真うpした@futo＊＊＊　京都＊＊高等学校 http://pbs.twimg.com/＊＊　ふうと ?@FUTO＊＊＊　@25sa＊＊＊ 昨日＊＊＊の画像載したやんか？あの画像でなんか暇人たちががちぎれして今めっちゃ広まってる笑　ふうと?@FUTO_＊＊＊　オタクにリツイートとされてて気分悪い。笑みんなこのつぶやき見たらオタクスパム報告して!!　ふうと ?@FUTO_＊＊＊　@mari＊＊＊＊ 勝手にして!!別にこれくらいでどーもならんで？笑なに大騒ぎしてんの？ふうと ?@FUTO_＊＊＊　なんか俺人気者になった気分笑

「ふうと」（FUTO）なる者のツイートが掲示板に晒されました。

なんとか有名になりたい——そういう気持ちは誰にでもあります。140文字でつぶやきたくもなります。しかし、この独り言のようなつぶやきを、皆がオーディエンスとなり、聞いて（読んで）いるのがデジタル空間です。

渦中の"本人"による告白は「炎上」の燃料となります。

ご記憶の方もいるでしょうが、コンビニのアイスケースに入った

写真をネットに投稿した事件は、これが唯一ではありませんでした。というよりも、この京都の件以前に先例があったのです。見方によっては、京都ミニストップの「アイスマン」は"模倣犯"と言えるかもしれません。

同じ2013年の7月、高知県の「ローソン」でアイスケースに入って寝ている男（実はローソンの従業員だった）の画像がFacebookにアップされました。もちろん画像は被写体の男自身が掲載したもので、瞬く間にTwitterや2ちゃんねる上で拡散し、炎上状態に。株式会社ローソンが7月15日に下記の謝罪を告知するという事態に進展したのです。

加盟店従業員の不適切な行為についてのお詫びとお知らせ
　弊社加盟店である高知鴨部店の従業員がアイスクリームケースの中に入るという不適切な行為を行ったことが、Web上への写真掲載により判明いたしました。お客さまには大変不安・不快な思いをさせてしまいましたことを心より深くお詫び申し上げます。食品を取り扱うものとしてあってはならない行為だと反省しております。二度とこのようなことが起きぬよう、全社員・加盟店一丸となって信頼回復に努めてまいります。（後略）

ローソンの事件はマスメディアでも大きく報道されましたから、当時の人々の記憶に新しく、京都ミニストップの X_n 曲線には、次のようなコメントが登場します。

>163　ローソンのアホは処分されなかったのにね
>188　>>163　あれは自分ちのだし。あくまでローソン内の問題。今回のは他人の店だし犯罪だわ。

　高知のローソンと京都のミニストップ、二つの事件の相違点が指摘されました。高知のケースは「フランチャイズ加盟店オーナーの息子である従業員が行なった自爆的行為」なのでお咎めなし。対して京都では、客が同じことをしたから犯罪だ、というわけです。

　ただし、これには事実誤認があります。高知の「アイスマン」は解雇され、店舗はフランチャイズ契約解除のうえ休業に追い込まれました。「ローソンのアホは処分されなかった」のではなく、明白に処分されたのです（しかも、従業員と店舗オーナーが血縁関係にあったという確証もありません）。

　しかし当研究グループは、事実認定よりも X_n 曲線を解析することに主眼を置いていますから、本件ではこの時点で「高知と京都、二つの騒ぎの相違点」が指摘されたことに着目しました。

　続いて次なる展開です。

>200　アイスのケースに入るぐらいでものすごい反響だったから　やりたくなったんだろうなｗｗｗ

「アイスマン」の動機が推測されます。この投稿は、おそらく「高知の事件で反響が大きかったから、京都の高校生もやりたくなったのだろう」と言いたいのでしょう。

前述したように、有名になりたいという気持ちは誰にでもあります。反響が欲しい——たしかに、反響は大きくなっています。
　その昔、アンディ・ウォーホルが「近い未来、誰でも15分は有名になれるだろう」と予言しました（1968年）。当たっています。
　しかし、その代償は大きく、本人以外にも有名になった「反響」の津波が到達します。

▶炎上は企業にまで及ぶ

> >230　>>192　ローソンが交換したから、あれが業界の基準になる。ミニストップが洗浄で終わらせたら、ローソンとの対比でずっと批判され続けるよ。

「ローソンが交換した」とは、騒動後、アイスクリームケースを入れ替えたことを指しています。すなわち、高知では新品を導入したのだから、企業が異なるとはいえ京都も同程度以上の対応をしたほうがよい、と言っているのですね。
　ここで企業＝Company＝X_cが登場します。
　実際、当該のミニストップ株式会社は下記のような告知を出しました（2013年7月25日）。

　ミニストップ店で発生した不適切な行為に関してのお詫びとお知らせ
　　弊社加盟店のミニストップ向日寺戸町店（京都府）において、

2章 「炎上」と「拡散」のアナリシス①

店舗スタッフのレジ接客中に、お客さまがアイスケースの中に入り、その様子を撮影した画像が、インターネットに掲載されている事実を確認いたしました。現在、アイスクリーム類を撤去し、該当ケースの入れ替えを進めております。（中略）
　また、向日寺戸町店で下記の期間販売いたしましたアイスクリーム類につきましては、ご返金をさせていただきます。レシートをお持ちになり店舗までお申し出ください。
　お客さまにはご不快な思いとご迷惑をおかけしましたことを深くお詫び申し上げます。

X_c は他社と比較されたうえで、同じ、もしくはそれ以上の対応を取らないと、社会的信用を失います。だから c ＝カンパニーが動くのです。
　ただし、主役はあくまでも高校生の少年です。

>247　本人が2chに出没して、名誉毀損で訴えるだの　オッサンはノリが悪いから俺達のノリノリを理解できないだの　鳩山由起夫も真っ青の宇宙人語をしゃべってたな　最後には「もう2chには来ない」などの勝利宣言　ティーンのうちから人生破滅確定みたいで哀れ

またしても燃料が投下されました。"本人"が「２ちゃんねる」で自己正当化を図ったようです。先にも見たように、本人のコメントは、さらに炎上を加速させます。
　ところが、X_c ＝企業側もウカウカとはしていられません。

>295　ミニストップのソフトクリームを頼むとね、コーンの紙を捲いてない部分に指を触れて渡してくるんだけど、そういうのは衛生的にどうなのかね？　たった198円とはいえ、店員教育は徹底してもらわないと

X_c＝企業に対する苦情も入ってきます。企業に相応の対応が求められるのは当然ですが、X_b＝消費者は、さらに企業の対応を加速させざるを得なくします。

>329　ミニストップとかお金さわった手でそのまま調理するから　そっちのほうが不潔

このように、本筋とは関係のない批判も飛び出します。

▶デジタル空間の「祭り」と「処刑」

一方、「主人公」の高校生に対しては、デジタル処刑の裁きを求める容赦のない声が続きます。

>364　被差別高校生。晒して自殺に追い込めば吉。

最初の発信者は、とにかく死ねば終わり。死ぬまで嬲るリンチ状態。ネットの怖さが表われています。

また、本件では高校生の画像を撮影した友人など"共犯者"の存在も発覚しました。すると、次のようなコメントも見られるようになります。

>428　手伝った他2人が無傷過ぎるww　高校名も不明だしね

　主人公以外への処刑要求。こうして「炎上」は「拡散」の様相を呈してきました。まさに「祭り」です。
　古代の祭祀(さいし)を彷彿(ほうふつ)とさせます。生贄(いけにえ)は一人よりも、さらに多いほうがよい。神がお喜びになり、祭りは盛り上がる……。
　そして、新たな特定作業が開始されます。

>522　現地見てきた　冷凍ケースとレジにお詫びの張り紙あり　ケースは写真のものと全然別物　たぶん代替品　ミニストップの軽自動車止まってたし今日は1日責任者が店裏でチェックしているんだと思う

　現場レポートが出現しました。まるで新聞や週刊誌の記者のようです。このように、ネット上で調査・取材活動の成果を報告する人々を「スネーク」と呼ぶのだそうです。
　ちなみに「スネーク」というネーミングは、コナミのゲーム『メタルギア』シリーズのキャラクターである諜報工作員の名に由来するとのこと。言葉は時代の産物ですが、ネット空間という新しい時代に生まれた環境が、新しい言葉＝概念を産み出しました。
　よく知られている「ネトウヨ」「リア充」「情弱」などをはじめ、「スネーク」に類似する行為として「電凸」（電話突撃。企業、官庁などの組織・団体に電話で問い合わせること）という言葉も頻繁に用いられています。これらを総称して「ネット・スラング」と呼びます。

一方、X_c ＝企業側にも新しい動きが出てきます。

>525　>483http://sankei.jp.msn.com/life/＊＊＊　>ミニストップは向日町署に被害を届け出た。被害届けだしてるみたいだよ。

企業が公的権力である官憲に訴えたのです。すると、権力からの「御沙汰」が下される可能性が出てきました。こうして、さらに違う意味の加速的な燃料が投下されるのです。

▶活発化する「スネーク」の動きと「デジタルタトゥー」

>578　今の所これで合ってる？うpした奴 名前ばれ 偏差値32 学校処分
　　　入った奴　名前ばれ　住所ばれ　仲間3 無傷

「X_n 曲線は偏差値と金額を物差しにして進む」と前述しました。やはり尺度＝スコアの確認がなされます。
　また、"共犯関係"にある仲間3名の特定に向かう方向も示唆されています。「スネーク」の出番です。

>593　まず、ミニスト　隣が市役所、前が競輪場でそこそこのお客あり
　　　外には掲示はなく、店内のアイスケースとレジに掲示あり　返金騒動もなく、いたって普通に営業していた　レジは横並びに2つあり、メイン、サブのレジ共にアイスケースの片側が死角になる　サブのレジの真正面がアイスケースになり、こちらのレジだと死角はあるものの騒ぐ様子はうか

2章 「炎上」と「拡散」のアナリシス①

がえる　メインだと少々ゴソゴソしてても気が付かないかな　それから＊＊くんのマンションに行ってきた　ミニストからは約5Kmの距離で少々遠い　中に入ったらちょうど出てくる住人がいたため、外側しか撮影できなかった　ポストを確認しても、3分の1くらいは名前が書いて無く、該当する苗字は無かった　さすがに廊下までは侵入できず、退散した　何故、ミニスト向日寺戸町店なのかはその隣にある府営住宅＊＊＊に連れの1人ふうとか氏名不詳のヤツが住んでいるからではと思う　有力な情報があればスネークするよ

案の定、新手(あらて)の記者ならぬスネークが登場しました。当該店舗の所在地はマスコミ報道により、「X_1」の段階で特定（公表）されていますから、誰でも容易に訪れることができます。「いたって普通に営業していた」と述べる今回のスネーク行動は、店舗の最新状況報告といったところでしょう。

しかし引き続き、「本人」の住居（集合住宅）に向かい、部屋番号の特定を開始しています。いわば、次の燃料を作る"職人"です。

また、別の角度から「処刑」を論評する"職人"も現われました。

>746　[10年後]　ネットから写真と名前が消えないのでぐぐーるさんを訴える＊＊＊。しかしあえなく敗訴。次にGoogleサジェストでの名誉毀損で訴える＊＊＊。これもあえなく敗訴。そう、ネットで自分の恥ずかしい過去が拡散されるともう一生消えないんです。そしてこれは検索サービスの責

任では無いのです。サジェスト機能も名誉毀損に当たらないという判例が出されています。最終的には改名と整形をして全く別人として生きていくか。または日本を離れ南の孤島で一人暮らしをするしか手段が無いのです。＊＊＊の未来はまったく無い！絶望だ！w

「デジタルタトゥー」というネット・スラングがあります。ネット上に投稿された情報が消えることなく、刺青(いれずみ)のように残り続けることを指します。

上記は「アイスマン」の高校生がデジタルタトゥーによって処刑され、恐ろしい社会的制裁が未来永劫、続くであろうことを断定したコメントです。

>927　飛び込み自殺でもしたら許したるわ

社会が許してくれる基準は、主人公が死ぬこと。制裁解除の条件としては極限的なのですが、ネット空間では、人の命が信じられないほど軽いのです。

しかし、そこには空気を読み、的確な論評を加え、炎上の着地点を予測する"賢者"もいます。

>965　友達が居ないんだと思うんだよ。ツイッターとかやってる奴は、友達が居なくて「好きな話」「楽しいこと」だけを好きなときに好き勝手にしゃべるネット世界の奴らを仲間だとしてる。いたずらをする年代ではあると思うんだよ。ただその中で、一緒に馬鹿やった 仲間も、その内にいい年だ

から辞めろって言ったり、言われたりで成長していく　そういう友達が居なくて、結局はネット世界の繋がりの奴らの中で　目立ちたくて、馬鹿をやってしまうんだと思う。注意しあう友達がいないんだろうな。年齢はバラバラだが、知能指数は同じようなのが、アホな繋がりするから　俺も凄い事をやってフォロワーを驚かせようとか、幼稚な事をやってしまう。
>967　こりゃ、もう1人の特定と学校からの処分が出るまでくすぶるな

上記のように、着地点の予測が始まりました。しかし今回は、もう一つの着地点が必要なようです。それは X_c ＝企業の着地点です。その模索も始まります。

>1031　店員は何してたんだろう？不思議だよね？
>1040　>>31　レジ作業があるなら無理。特に深夜でひとりだったらバックに入られてもわからん。後で映像みて確認するくらいしかできない
>1051　っていうかアレだ　店員何してたのっていってるやついるけどさ、まあ今回は接客中だったみたいだけど　ぶっちゃけ接客中とかじゃなくても頭おかしそうな奴が複数でこられたら　変なことされても注意とかマジ無理、ホント無理、こえーもん

X_c ＝企業に対してのコメントは、これまでどおりの批判と、「1040」や「1051」のような擁護（店員への掩護）が混在するようになりました。この状況は続きます。

▶「罵り合い」の始まり

>1123　接客している間であれば、かなり目立つアイスケースで何されても気づかず、証拠の写真が上がって他人から指摘されるまで誰も気づかない。そういう監視体制のもとに置かれた食品で、これまでもこれからも何されているかわからない食品を売っているのがミニストップ。こういう評判が広がったとしても風評被害ではないだろうね。
>1138　しかしミニストップの店舗管理体制ってどうなってんだろな　怖くて買い物できないわ
>1186　被害届も賠償の示談が成立すれば取り下げるんだろうな　イオンも炎上してしまったので対応してるフリなんだろうし

こうした企業批判が終息しないのは、常に「叩く」対象が求められているからでしょう。X_n曲線はマイナスを描き続けます。同時に"本道"である本人の糾弾と特定も進みます。

>1222　＊＊＊君の妹 http://pbs.twimg.com/＊＊＊　この画像で住所も解析されたようだw　長岡京市の＊＊＊だってさw

本人の妹の画像と詳細な住所が晒されました。"特定の波"がどんどんと広がります。

>1239　>>161　入れ替え半日掛かったとして　店の売上半日分＋本部と

店舗に対する慰謝料＋入れ替え工賃＋フリーザー代　だから多分150〜500万以内だな　損害賠償がどの位行くかがキモw

そして、偏差値と並ぶ「分かりやすい二つの物差し」の一つ、金額を忘れてはなりません。500万円という賠償金額が試算されました。すると、違う予測も出現します。

＞1248　まあ、国内店舗数が約２千として、風評被害（ふうと被害ともいう）を１店舗について減益千円〜１万円と考えても単純に２百万〜２千万円の損失となる。更にお詫びに関する広告代や企業にとって余計な仕事が、このカス＊＊と　＊＊ふうとのために必要となる。下手すれば数千万円の損害賠償があっても全くおかしくない。京都の１店舗だけの問題では無いわな。まあ、いいところ１千万円くらいの判決が出れば妥当なところだと思われる。

倍額（1000万円）が妥当という主張です

この投稿がなされたあたりから、発言者（投稿者）同士の世代間抗争が始まり、本筋から離れることが散見されるようになりました。その場合の特徴は、一つの発言には反論・異論が伴い、発言者に味方する層は薄く、周囲のすべてが敵に回る印象を与えるということです。

本筋である本人の特定が進まないと、発言者たちは飽きてきたのか、"隣の方々"を攻撃開始。「お前が馬鹿だ、あんたの世代は頭が悪い、お前、●●だろう（差別的表現）」との罵詈雑言（ばりぞうごん）合戦が始ま

ります。

それに加えて、企業への批判が集中するようにもなります。

>1285　忙しかったからアイスケースに入るの分からなかった？こんな目立つ事も認識出来ないなら　弁当にイタズラされたりしても全くバレないな　コンビニで食い物買うのやめるわ

>1412　ジュースの冷蔵庫裏　深夜バイトやってるときにエロ本片手によく涼んだw　タバコ吸いたいときも冷蔵庫裏だったな

コンビニでのアルバイト経験がある発言者が、客には分からない裏事情を暴露します。すると、「アイスクリームケースよりもジュース冷蔵庫の裏のほうが汚い」など、コンビニ店舗内での「どっちが汚い」の自慢合戦も見られるようになります。

▶企業は炎上防止のために何をすべきか

>1437　今時の企業の対応で注意する事　未確定な事は喋らない。嘘はつかない。嘘つくぐらいなら喋らない。今回、ミニストップがまずかった所、最初にバイトが接客中で気付かなかったと言った事。いくら接客中でも、こんなことしてたら普通は気付く　見逃してたって事は、バイトもグルだって疑いが強い。

ここまで X_n の意味分析をしてきて分かることがあります。それ

2章 「炎上」と「拡散」のアナリシス①

は、X_c である企業にとって、最初の対応が肝心だということです。企業は炎上しないためのマニュアルを備えておく必要があります。すなわち、$X_{c1}=$ 第一発信がすべてなのです。

なぜなら、

>1448　>>66　ローソンは閉店した　こちらは閉店する様子がいまのところない　全く甘い対応しかしていない　どこをどう間違えば同じような対応に見える

高知のローソンとの比較が消えません。ネット空間は、社会の法的規範などとは無縁に、最初の発信者（本人）の死を希望し、当該店舗の閉店を希望するからです。

>1528　>>521　昭和でも、売り物のコカコーラのびんのキャップに釘で穴開けて　水鉄砲代わりにして遊んでしこたま怒られたり　いまでは、考えられないことをしでかしてたりしてるよ　ただニュースにならないだけ
>1581　どうだろうねぇ・・これ、賠償請求はしないように思うよ　厳重注意で本人も形だけ頭下げたらお咎めは無しでおわるんじゃね？　万引き犯を追い掛けたら電車に轢かれてバカが死んだ件　スーパーで万引き犯貼り出したら叩かれた件　客商売の哀しいところだよね　良客に「きつい店」のイメージ与えかねない　ご近所商売だろうしねぇ・・きっちり摘めて欲しいけどねぇ

上記「1528」のように、市民がネットでニュース発信者になった

ために起きた祭り、騒ぎ、悲劇をマイナスのX_n曲線に導く発言が主体に進みます。しかし、その緩衝材(かんしょうざい)として「1581」のような妥当な意見が出ることにも注目する必要がありそうです。

>1642　kazukio＊＊＊やばい！！向日町のミニストップのアイス全部取り返えやって　約7時間前　1ha＊＊@kazukio＊＊＊　なんかあったん？（笑）　約6時間前　kazukio＊＊＊@1ha＊＊俺の友達がコンビニのアイスケースの中入ってニュースでやってるwww　みやねやでやってた（笑）　約5時間前　1ha＊＊@kazukio＊＊＊おもろすぎ（笑）友達リスペクトやわ（笑）　約2時間前

「取り返え」は「取り替え」の誤変換でしょうが、またしても燃料が投下されました。

>1674　＊＊＊@kazukio＊＊＊　5時間前　@rino＊＊＊　ケース中入ってた奴が＊＊で撮ったんが＊＊＊やでー（・∀・）　＊＊＝撮影者　＊＊＊＊＝＊＊？？？京都＊＊高等学校か？私立共学　偏差値38

さらなる特定作業も進んでいます。「アイスマン」がケースの中に入っている写真を撮影した人物、つまり"共犯者"の通う高校名です。相変わらず偏差値という尺度が添えられています。
　この投稿に答えるレス（レスポンス＝返答、反応）が、すぐに寄せられました。

>1691　>>674　可能性あるな　住所から見れば阪急で通学できる　＊＊
→バスだろ、ここ

詳細な特定作業です。ネット住民の捜査能力の高さを証明しています（注・「1691」は「1674」へのレスですが、ウェブの表示上は3桁の「674」となります。既出の他も同様です）。

▶炎上の終わり

スネークたちも負けていません。

>1703　ミニストップいつもより客多く、今日は大繁盛だった。バイトたちが集まって、「次やられたらもう終わりやん」って言っていたぞ。バイトもグルじゃないようだな。

企業＝X_cにとっては「朗報」とも言えるスネークです。
さて、X_nが1900を数える頃になると、「世の中の勤労者がみんな眠ってるこんな深夜の時間に　こんな掲示板見ててお前ら普段何やってるの？」「週末の深夜に2chを見て何がおかしいんだ？　世の中の全ての労働者が平日（日勤）に働いてるとでも思っているのか？」などと、掲示板での内紛が開始されます。明らかに論点が本筋から離れています。

スネークたちの特定活動も下火になり、"燃料切れ"の様相を呈してきました。燃料がなければ炎の勢いも低減します。こうして

X_n 曲線は、見事な《ダウンヒル＝直滑降》を描いたのでした。

　研究グループがサンプリングしたログは、X_{b1} ＝最初の発信（2013年7月26日）から翌27日まで、のべ48時間で2,000をカウントしています。

　騒動発生から40日後の2013年9月6日、「アイスマン」（本件の主人公）をはじめ、画像の撮影に関与した高校生3名は、威力業務妨害で京都府警に逮捕され、書類送検されました。

　警察の発表では、アイスケースに入った高校生を別の高校生が撮影し、もう一人がアイスケースの前に立って、店員から遮蔽していたということです。その画像は、撮影者からLINEを経由して見張り役の高校生に送られ、その彼がTwitterに投稿したことから拡散しました。3人は刑法で言うところの共同正犯でしょうか。

　いずれにしても、SNS上への投稿が契機となって、彼らは逮捕されたのです。

　端緒は「目立ちたい」一心だったのかもしれません。それがひとたび、情報としてオンライン上に載ると、個人情報の特定から損害賠償はおろか死をもって償えとばかりの処分請求。あたかもネット空間が陪審員制度の法廷と化した感があります。

　それが「デジタル処刑」でした。

▶ロングテイル曲線──「エリート」ケース

「アイスマン」と同じく、単純炎上でデジタル処刑に至るケースを

2章 「炎上」と「拡散」のアナリシス①

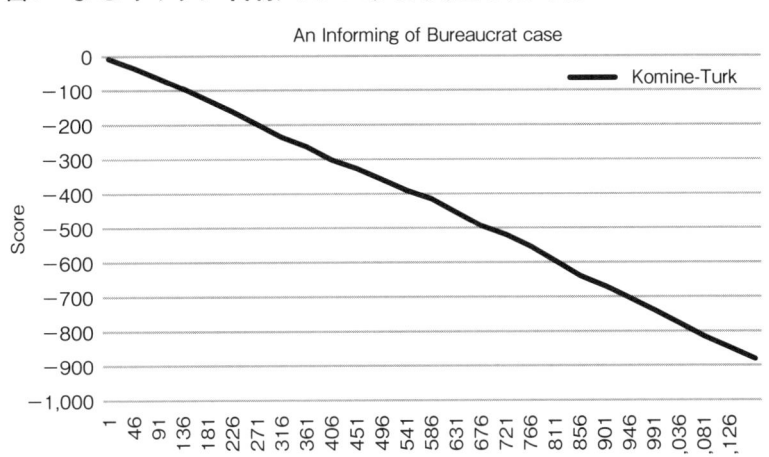

図7 なぜキャリア官僚のブログは炎上したのか

An Informing of Bureaucrat case

Komine-Turk

Score / Number of Tweets

経済産業省のエリート官僚が匿名で開設したブログには、目を疑うような暴言の数々が……。国民の怒りに火が点き、文字どおり「炎上」。その炎はブログ主に社会的制裁を与えることになる。

取り上げます。X_n 曲線はマイナスにロングテイルを描きます。長い尻尾の行き着く先がデジタル処刑というわけです。

選んだサンプルは「エリート」ケース（別名「お役人様」ケース）と名付けた検体です。

さる日本政府のキャリア官僚（高級役人）が、匿名でブログを開設し、放言を繰り返していました。当人の意図は知る由もありませんが、ブログを読んだ人々が「これって、酷くない？　書いているのは誰？」と否定的なコメント（－X_b）を発信。それが連鎖して炎上状態に入りました。

匿名に隠れていたお役人様は、ネット特有の捜査力で氏名が特定

されます。

　そして彼は、マスコミで報道される前に、はるかに速い速度で配置転換と停職2カ月の処分を下されました。つまり政府はネット上の炎上を無視できず、処分したわけです。前項の「アイスマン」がデジタル処刑の末に逮捕されたように、このエリート官僚もデジタル処刑されたのです。

　研究グループがこのケースを選んだ理由は、かつてマスコミが果たした「国家権力のチェック機能」を、ネットが十二分に果たしていると判断したからです。

　筆者・小峯は、長く雑誌の取材・編集に関わり、マスコミの一端として「マスコミの果たす国家権力のチェック機能」を、現場で目撃しています。

　現在もその任を継続していますが、強く思うのは、ネットはマスコミよりも「ファイヤースターター」(着火剤)の役割をよく果たしているということです。

　その典型の一つが、この「エリート」ケース。

　国民の税金を給料（俸給(ほうきゅう)）として頂戴する官僚は、現行の日本のシステムの下では、国民の下僕(しもべ)のはずです。しかし、官僚はそうは考えていません。「日本は、我らの国」なのです。国民はおろか、政治家をも膝下(しっか)に置きます。

　この官僚へのチェック機能をフルに発揮したモデルケースとして、本件を選びました。

2章 「炎上」と「拡散」のアナリシス①

▶それは匿名のブログから始まった

　当の官僚は、自分のブログは匿名なのだから、誰にも特定されないだろうと高を括っていました。しかし、ネット住民（「ネチズン」と呼ばれます）の取材・調査・捜査能力を侮ってはいけません。

　彼らは匿名ブログを解析し、即座にブログ主の官僚が何者であるのかを特定。ブログは炎上を開始しました。

　まず、「膝靭帯固め（庭）」というHN（ハンドルネーム）の投稿者が、以下に引用するお役人様（本件の主人公である官僚）のブログをアップしました。これがX_{b1}となります。2013年9月24日のことでした。

>復興増税。
パパ的には、財政規律を保つことを重視する。
しかし、そもそも、復興費用11億円って
誰がどうやって、きめたのさ？
もともと、ほぼ滅んでいた東北のリアス式の過疎地で
定年どころか、年金支給年齢をとっくに超えたじじぃとばばぁが、
既得権益の漁業権をむさぼるために
そいつらの港や堤防を作るために
そいつらが移住をごめるためにかかる費用を
未来のこどもたちを抱えた日本中の人々から
ふんだくり、綺麗事をいうせいじ。

増税の是非ではなくパパは

　復興は不要だ

　と正論を言わない政治家は死ねばいいのにと思う

　　　（注：原文ママ。ただし改行やフォントの大小は原文と異なります）

　言うまでもなく、ブログ文中の「パパ」が官僚です。このX_1の時点では、ブログ主の属性は明らかになっていません。しかし「東北の過疎地」の「じじぃとばばぁ」のための「復興（増税）は不要だ」とする暴言に、X_b＝意見を持った受け手たちは逆上しました。

　実はすでに、このX_{b1}には「本人特定」の手がかりが記載されているのですが、それはひとまず措きましょう。炎上は燎原の火のごとく展開し、時折「（官僚の主張は）正論だろ」との声が混じる中で、圧倒的にマイナスが支配します。

　そのうちに「犬が可哀相」など、愛犬家の怒りまで買ってしまう始末です。いったい、ブログ主の何がX_bを怒らせたのか。今となってはブログの当該記事は削除されていますが、一部はキャッシュ（cache）で確認可能です。ここでは、その発言を要領よくまとめたX_bを紹介します。「炎上の主要な燃料項目」が列挙されています。

>102　後藤久典の罪　・TVで取り上げられた野球に興じる老人のキャプを晒し「化け物」「早く死ね」　・近隣の草野球民を盗撮し「ゴキブリ」「でぶ」「ハゲ」と罵倒　常に野球や野球周辺の権益に注目し、品性のかけらもなく執拗に叩き続ける。死ね連呼。視豚でもある　ブログでは伏せている

が税金から多額の収入を得る経産省の課長級官僚（休日はサッカーコーチ）でありながら、「東北なんかに金つぎ込んで復興は無理。不用」とのたまう他、地域叩きや鳩山・菅・安倍の中傷も　さらに出向先の内部情報ポロポロ、JAL株購入に言及（インサイダーで違法の疑い）、NHK受信料未払いを自慢、未成年長女との飲酒写真掲載、飼い犬虐待、キレて次女のDSを破壊し晒す、谷 亮子やカズ（注：三浦知義選手）等スポーツ選手への異常な粘着・中傷、その他社会全般を見下した気持ち悪さと犯罪性全開のブログを数年にわたり執筆　炎上の結果、1000件近い記事を手動削除。しかしブログ退会せず写真のURL等は残しているという無能さ

「102」氏の記述に誤りがなければ、ブログ主は暴言どころか、違法行為（未成年との飲酒）にまで及んでいたことになります。もちろん研究グループは、その事実確認までは行ないません。本件で肝要なのは、発信された情報 X_{b1} が《Informing》によっていかに変容し、伝播してゆくのかを分析・解析することだからです。

　もうお気づきでしょうが、この「102」で、本人（ブログ主）の氏名（後藤久典氏）と職業（経産省の課長級官僚）が特定されています。そして圧倒的な勢いで、炎上が進みます。

▶何が人々を激怒させたのか

　たとえば、この官僚が「敵に回した人一覧」と題して、以下の発言がアップされました。

>120　視スレ民（注：ネット掲示板の「視聴率スレッド」に参加する人々のこと）の後藤が敵に回した人一覧　野球民、サカ豚、相撲マニア、ゴルフファン、バレーボールファン、自民党支持者、民主党支持者、維新の会支持者、小沢一郎支持者、ネトウヨ、ブサヨ、部落解放同盟、朝鮮総連、マスコミ、被災地、動物愛護団体、モンゴル国民、カズのファン、在特会、高齢者（後略）

上記に挙げられた人物・団体については、ほぼ掲示板の板（スレッド）がカバーしています。ということは、ネット上でほとんどすべてを敵に回してしまったわけですね。

さらにネット住民のみならず、一般人でも理解できるレベルで怒りに火が点きます。

>147　サザンさよならコンサート！2008-08-17　サザンの解散コンサートに行ってきた。そもそも、このチケットは超々プラチナチケットである。高度成長期の乗りのりの巨人戦のネット裏のチケットよりプラチナである。ママに頼まれて、パパの超強力なツテに頼んでみた「なんとか取れましたが、あまりよい席でなくてすみません。」　200列以上あるアリーナ席の　前から２０番目くらい！くわたが手に取るように。。。Ｄ通様恐るべし。。。。

投稿者（147氏）は、当該ブログの履歴からこの記事を発見し、掲示板に転載（貼り付け）したと思われます。大手広告代理店にプラチナチケットを融通してもらった……嬉々とした表現は、ネット空間に没入していない人（普通の人）でもむかつきます。

そして、X_1へのレスポンスとして同じ文面が「164」番目に載ると、エリート官僚の持論（本人にとっては正論なのでしょう）がアフターバーナーと化し、さらに炎上を加速させる事態になります。

　その結果、本人の身元が露見し、拡散してしまいます。

>164　（前略）復興は不要だと正論を言わない政治家は死ねばいいのにと思う http://blog.goo.ne.jp/＊＊＊　2007-02-03　パパは、あまり寒くない豊田市に行って、まちづくりについて　講演をしてきた。豊田スタジアムとグランパスの有効活用について、レッズを例にしながら熱く語ってしまった。http://blog.goo.ne.jp/＊＊＊　「中心市街地活性化セミナー Vol.1を開催しました（平成19年（2007年）2月1日）」http://www.toyota.＊＊＊
「まちづくり3法の改正と中心市街地の活性化」というテーマで、経済産業省　中小企業庁　経営支援部　商業課長の後藤久典氏を講師にお迎えし、

（注：「164」の投稿文面はここまで）

　2007年当時のことですが、「経済産業省　中小企業庁　経営支援部　商業課長」という詳細な肩書が明らかになりました。この記述を手がかりに、当人のキャリアを追跡し、現在のポジションを特定することは、ネットの使い手たちなら「スネーク」をしなくても容易でしょう。

　さらに、エリート官僚氏の「正論」が炎上の火に油を注ぎます。

　彼は野球が大のお嫌いだそうで（「120」の「敵に回した人一覧」に「野球民」とありました）、それがまた、新たな敵を作ってしまうのです。

>165　早起きしすぎて１時間も前についてしまった。そしたら、ゴキブリたちがいた。腹の出たおやじにすぶりを教える禿げおやじたちがこれから糞、あ、ちがった草やきうをする ttp://blog.goo.ne.jp/＊＊＊　既得権益の象徴。中学生の硬式やきうのチームがいっつも練習しているグランドピッチングマシーンと９人くらいでつかっている専用の球場しねばいいのに。（後略）

国民は、この経産官僚の言動に疑問を抱いて、次々とネットに投稿します。

>245　やってることがバカッターのガキと同レベルなんだけど本当に官僚？　日本やばすぎだろw

背筋が寒くなる、真っ当なコメントです。しかし、この人は東大経済学部から通商産業省（現・経済産業省）に入省した、本当に歴(れっき)としたエリート官僚なのですね。

▶電話番号とメルアドも特定された

納税者である国民の素朴な疑問は続きます。

>257　（注：ブログにある）パパって誰かと思ったらこの●●（注：差別表現）の一人称か　それにしてもなんで証拠の残るネットに愚痴を書くのか　リアルで一緒に愚痴言ったりするトモダチがいねーからなのか　昨今のお

2章 「炎上」と「拡散」のアナリシス①

っさんとおばさんは異常

　前項で「デジタルタトゥー」というネット・スラングに触れました。上記の投稿にもあるように、ネット上には（消えないタトゥーのように）証拠が残る——これが、すべての統一ルールです。

　>330　このブログ1から読んでるけど　なんか家族にも相手にされずにさみしいおっさんが　だんだんネット世界に嵌って行く感じで　哀れさを感じる　誰か彼を本当に心配してくれる人がリアルにいれば　ここまで酷い状態にはならなかったのにと、思う

　エリートのお役人様が、なぜこのようになってしまったのか？　そんな冷静な推理も、国民側から書かれます。それにしても、「257」や「330」が言うように、救ってくれる同僚などの仲間はいなかったのでしょうか。
　やがて、本人の電話番号とメールアドレスまでが特定されます。

　>434　>>244　449：風吹けば名無し[]　投稿日：2013/09/24（火）16:38:11.66 ID:xM2＊＊＊ [12/17回]　2．担当部局　経済産業省貿易経済協力局貿易管理部安全保障貿易管理課長　後藤 久典　電話番号：03-3501-＊＊＊＊ e-mail：＊＊＊@meti.go.jp　電話とか止めろよ

　まさに、炎上はイケイケの感があります。しかし、こうした中で加熱にブレーキをかけたり、冷静な分析をしたりする国民も出てき

79

ます。

>484　お前ら番号で呼ばれて死んだ人（注：死刑囚か）のこともう忘れたのかよ　あんまり追い詰めるな
>486　>>306　ああネットにやられたわけか　だからネトウヨと芸スポみたいの掛け合わせな●●に変貌したのか　ここまで豹変するとはな

　本人を追い詰めてはいけない。また、本人はブログの発信者になることによって、すなわちネットによって豹変したのだ――袋叩き状態のエリート官僚を擁護するような投稿です。
　ここで注目すべきは、ネット住民が「ネットの怖さ」を指摘していることです。
　ネットの怖さ。それは、人を変質させる《情報発信》の力をネットが与えるからなのではないかと推定します。私たち研究グループは、ネット上で情報が変質することを《Informing》(インフォーミング)と名付けましたが、人間もネットの力で変質してしまうのです。

▶この炎上はいつ、どのように終わるのか

　そして次第に、この炎上の着地点を見出そうとする動きが始まります。

>500　復興庁の官僚の水野がTwitterで震災関連の暴言吐いた時も停職一ヶ月とかの軽い処分だったから　これでクビとかそんな事にはならないと思

う　だけどそれなりのダメージは与えたい

「アイスマン」ケースを想起してください。マイナスの X_n 曲線を描く炎上の過程でネット住民たちが高校生に要求したのは、「退学」や「賠償金1000万円」といった「罰」でした。そう、デジタル処刑です。

本件でも、エリート官僚様に対して、処刑の度合いを決め始めるのです。

>542　>>361　五十過ぎのお前の官僚の親父がわけ分からんこと言っても仕事でやらかしたり犯罪しない限りほっとくだろ、普通

そうは言っても、「ほっとく」ことをしないのが、ネット住民たちであり、ネット時代の現代なのです。それは誰もが情報発信できるようになり、情報の前では皆が平等となったからです。「権力が全員に配られた」と前述しましたが、「権力」の範疇には当然、司法権が入ります。

>548　これから嫁さん、娘さんかわいそうだなー　まとめブログで拡散して、周りは白い目でみる　裏でなにを言われるかわからない、裏で悪口を言われる　疑心暗鬼の闇に落ちて他人を信用しなくなる　どこに行っても人間扱いされない日々を送る　名前はネットの海に漂い続け、半永久的に呪縛からは逃れられない

「御沙汰」は公権力からではなく、ネット上で下される。社会的制裁が本人とその家族に、ずっと続くのがネットの世界です。すなわち、それがデジタルタトゥーです。このタトゥーを消す方法は、まだ見つかっていません。

>589　官僚が政治家に腹をたてるのはわからないでもないが　原則としては人民から選ばれた政治家に対して官僚は国から金をもらってる ただの雇われ人、公僕にすぎないのだから、政府の方針が気に入らないのなら公僕は辞めるべきで、御託を抜かす権利はない

まさにそのとおりで、庶民である国民の正論と言っていいでしょう。続いて、官僚への優しい助言も現われます。

>644　実名で書いてなくても複数の情報から個人が特定される場合があるから　仕事の愚痴をブログに書くのはやめたほうがいいよ。友達が書いてる記事の内容から特定される場合もあるからね。

情報発信は、自らの首を絞める。だから心に秘めるしかない、と言っています。このように、"暴言エリート官僚"を追及する力が、一旦は緩（ゆる）むかに見えましたが……。

>730　>>516　（前略）モデレータ: 後藤 久典（経済産業省 貿易経済協力局 貿易管理部 安全保障貿易管理課 課長）「緊迫化する東アジア情勢と地域の課題 ―東アジア戦略概観2013を中心に」　講演内容引用禁止　※日本

の防衛に関すること　この人にとっては国防と老人の追放とやきうの撲滅は同じレベル　こったくんの尊厳死① http://blog.goo.ne.jp/＊＊＊　我が家の妖怪（年老いた父親）は、死にそうにみえてちっとも死なない　歩けないと自分で宣言したくせこいて隙をみせると自分でトイレにいっている「らしい」　へーおんしの薦めという本が、日本の真実を的確に表しているとパパは思っている　老人の老人による老人のための「やきう、ますこめ、せいじ」がこの３年間、日本を滅ぼすか、日本が老人を駆逐（くちく）するか　瀬戸際だとまじでパパは思っている

「（実の父親が）死にそうで死なない」「日本が老人を駆逐するか」と書くエリート官僚本人のブログを引きながら、「730」氏は炎上の燃料を投下します。すると、ほどなく以下のコメントが。

>854　特定されちゃったのか　ここんとこ中途半端な祭りが続いたがこれは勢い出そうだな

日本の"祭り"も変容しました。生贄が用意されて、しかもその生贄が「お役人様」ならば、庶民が盛り上がる。古代の祭祀とは構図が異なっています。

>918　また自殺するまで追い込むのか・・・

情報発信力は、人の命を奪うことができます。それを行使できる力をマスコミだけではなく、一般市民にまで与えたのがネットなの

です。

そして「X_b」が1,000を超えると、空気を読む達人が登場します。

>1049　この手の炎上スレって、死ね派と正論だろ派に分かれてドロドログダグダの流れになるよね

新たな燃料投下がなければ、発言者同士の世代間抗争や罵詈雑言合戦が始まるのは、前項「アイスマン」ケースで見たとおりです。そのスレッドに参加している同士で"共食い"を始めるのです。

戦場の終盤近く、エリート官僚氏のご息女（娘）の実名も特定され、ここでもネット住民の調査能力の高さが証明されました。

*

X_nでは、収集した最後の投稿が、「2013/09/24（火）19:17:43.28」で終わります。

驚くべきことに、炎上の始まりから2時間も経っていません。このわずかな時間に本人（官僚）を詳細に特定し、その不適切発言を全国に拡散させたのです。

それから2日後、マスメディアが一斉に以下を報じました。

経産官僚が不適切ブログ＝「復興不要」「ほぼ滅んでいた」
　経済産業省のキャリア官僚で日本貿易振興機構（ジェトロ）に出向していた後藤久典氏（51）が2年前、匿名のブログに東日本大震災からの復興に関する不適切な書き込みをしていたことが

26日（注：9月26日）、分かった。経産省は同日付で停職2カ月の懲戒処分を下し、官房付とした。

　後藤氏はブログで「復興は不要だと正論を言わない政治家は死ねばいいのに」「ほぼ滅んでいた東北のリアス式の過疎地で定年どころか、年金支給年齢をとっくに超えたじじぃとばばぁが、既得権益の漁業権をむさぼるために」などと書き込んでいた。

　後藤氏は経産省の課長から6月にジェトロに出向し、2015年のミラノ国際博覧会の日本政府代表も務めていた。同省は今月25日付で出向と政府代表を解いていた。

　後藤氏は「個人のブログだったので書いてしまった。不徳の致すところだ」と釈明しているが、経産省は「著しく不適切な内容の掲載を繰り返し行った。国家公務員としての信用を失墜させる行為だ」として、処分を決めた。

（時事通信　2013/09/26-13:00）

　国民によって選挙で選ばれ、国民の代表となった国会議員が、内閣総理大臣より経産大臣を拝命します。エリート官僚・後藤氏は、その大臣から懲戒処分を受けました。

　国民の声を踏襲したうえでの、デジタル処刑です。ネットの炎上を受けて、ネットの声は国家を動かしたのでした。

【コラム】

炎上のモデリングと解析の手法

筑波大学システム情報系助教　**善甫啓一**

　炎上を解析するうえで、はじめに"炎上"とはどのような状態であるのかを定量的に定義する必要がある。今回の分析では、とあるテーマに対して、スレッドやまとめサイト、Twitterのタイムラインなど「個人が発言でき、かつ不特定多数の意見を誰もが見ることができる空間」において、「否定的な意見の総量が肯定的な意見の総量に比べて増加し続ける状態」を炎上と定義した。

　この意見を分類する手法は、「自然言語処理」と呼ばれる分野で盛んである（『自然言語』と言われると違和感を覚えるかもしれないが、プログラミング言語や数式と異なることを表現するための言い回しであり、実質はただの言語と読み替えても、さほど不都合はない）。機械が自然言語の意味を本質的に理解することは困難であるため、文法に基づき事前に用意した辞書機能を頼りに、品詞ごとに分解を行なう（この手法は『形態素解析』と呼ばれる）。例えば「小峯の本が炎上した」という文章は、小峯/の/本/が/炎上/し/た と分解される。このとき「炎上」という単語を、否定的な意味を持つ単語として辞書に登録しておくと、名詞である「小峯」ないし「本」に対して、否定的な記述がされているということが機械にも理解することが可能となる。

*

　今回集めたデータ（Tweet・書き込み）は、どのようなハイテクな手段を使った分析（肯定／中庸／否定 の分類）をしているのかと思いきや、なんと！……実は人力で分析を行なっているのだ。集められたデータの一

つ一つを、小峯隆生氏が夜な夜な老体に鞭を打ち、汚い言葉も飛び交うデータを泣きながら肯定／中庸／否定的な意見に分類したのである。

話は飛ぶが、ヴォルフガング・フォン・ケンペレンという発明家によって、18世紀初頭にチェスを指す「ターク」と名付けられた機械が作られた。タークは盤面台と人形で構成されており、盤面台を開けると複雑な歯車などの機械仕掛けに見せかけてあったが、その実は中の人間が操作する機械だった。このような、機械が苦手で人間が得意な問題が部分的にある場合は、人間も組み込まれたシステムで対処することが、現在のWebサービスなどでは多い。小峯氏がちょい役で登場したターミネーターシリーズでも、タークという名のAI（人工知能）が出ている点も因果である。

*

前節で、分析を行なうために人力で泥臭い作業を行うと書いたが、誰もが正しく 肯定／中庸／否定 の分類が可能であろうか？　小峯氏基準の分析が、他の人の基準とズレていることは否定できないが、そもそも人には主観があるため、普遍的な基準設定や分析を行なうことができる人は皆無であろう。

例えば、家系、性別、世代、国籍、言語、文化、宗教、経験……etc. などが異なれば、その主観も異なり、それぞれのデータ（Tweet・書き込み）に対する捉え方も異なり、肯定／中庸／否定 の分類も異なる。

だからこそ今回は、平均的な解釈とコミネタークの解釈がどの程度ズレて（乖離して）いるかを評価する必要がある。そこで、平均的な解釈として他の複数名にも、小峯氏同様に集めたデータと睨めっこをしてもらった。それぞれの人が、それぞれのデータ（Tweet・書き込み）に対して

肯定／中庸／否定 の分類をしてもらったのである。そして彼らの平均的な判断とコミネタークの判断が一致している／乖離しているデータ（Tweet・書き込み）の頻度を測ることで、コミネタークの妥当性を検証することができる。

*

コミネタークの妥当性を検証するために、その他大勢のタークを作ることができるだろうか？　そもそも炎上予防のために、検閲官のような人を何人も用意することが（社会的・倫理的な善し悪しは措く）、人件費などのコストも考えた場合に効率的な方法ではないことは、火を見るより明らかだ。

読者のあなたは、アップローダーから、ちょっとしたアプリやデータをダウンロードしたことがあるだろうか？　その際に、看板の番地や歪んだ文字列などを、写真から読み取って入力を求められた経験はないだろうか？　あれらの仕組みは、サイトにアクセスしているのが人間か機械かを判断している場合もあるが、機械では文字の認識が困難なので、人間を使って内容を読み取っている場合が往々なのである。また例えば、Amazonなどでもこのような仕組みを使って、機械には困難だが人間には簡単な処理を、部分的に人力で行なうようなビジネスをしている。

このように、すべてのデータに対してコミネタークを適応するのではなく、無作為に分解し、少しずつのデータを不特定多数で判断することで、コミネタークの妥当性は検証された。悲しくも、若い学生と小峯氏とのジェネレーションギャップが顕在化してしまうので、結果については省くが、炎上予防の実利用を考えた際に、不特定多数によるちょっとした手間を分割して予測することは、意外と的を射た手法でもある。

3章

「炎上」と「拡散」のアナリシス②
—— 「祭り」の始まりから終息まで

▶上昇して下降する曲線①──「スタディギフト」ケース

　1章で少しだけ触れた「スタディギフト」。これはウェブサービス事業から身を興し、今や実業家ならびに「インターネッ党」代表として政治活動家となった家入一真氏が、クラウドファンディングで貧しい学生を支援しようとする試みです。

　筆者は「ネット版あしながおじさん」と名付けましたが、世間では「学費支援プラットフォーム」と呼ばれています。

　その"支援される学生"第一号に選ばれた女性の存在が物議を醸し、炎上。スタディギフトは中止を余儀なくされました（その後、再開されていますが）。

　情報をプラスに発信していこうとしたところ、途中からマイナスに向かった顕著な炎上例です。その模様を、1万件のデータ解析からグラフにまとめました（右ページ）。

　では、「スタディギフト」ケースを検証します。

　まず X_a として、情報発信者 a となる家入氏が、下記を Twitter 上に発信します。X_n 曲線で言えば、もちろん＋（プラス）に振れて、上昇方向に離陸することを望んでいます。この X_a は2012年5月12日に発信されました。

>1　study giftいいでしょ。もうすぐだから待ってて

　第一信 X_a は受け手の b に渡され、b は感想、意見をネットに発

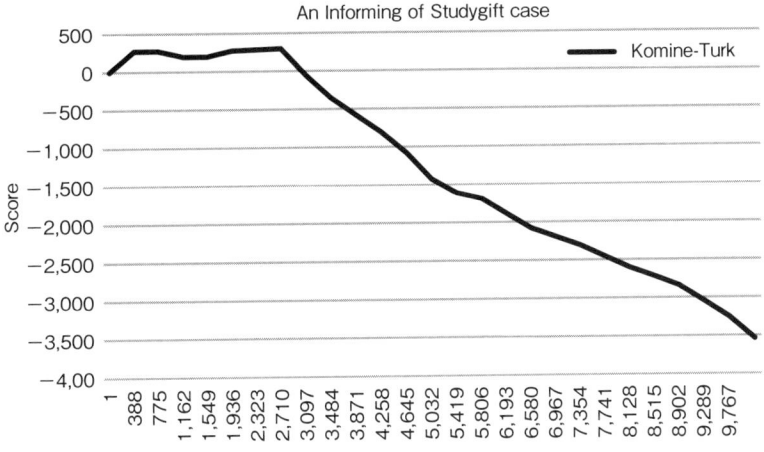

3章 「炎上」と「拡散」のアナリシス②

図8 最初は好意的だったのに……

An Informing of Studygift case

(グラフ: Komine-Turk。横軸 Number of Tweets、縦軸 Score。1付近から300程度まで上昇後、2,710付近まで横ばい、その後急降下し9,767付近で-3,500程度に達する)

クラウドファンディングによる「学費支援プラットフォーム」という試み。その学費支援第一号に選ばれた女子大生に対して、ある日突然、マイナスの嵐が吹き荒れるようになった。それはなぜ？

信（リツイート）します。これが X_b。情報変質《Informing》の始まりです。

ログを読み進めると、最初は好意的な意見 X_b が続きます。例えば……。

RT @vt＊＊＊: 家入さんちょー尊敬する。あんな大人になりたい。study giftとかいいな。ただ単に馬鹿ばっかやってない。
>16 学費パトロンのstudy giftもリリース近いとのことですし、ソーシャルグッドなサービスが日本でも増えていきそう。僕ができることはあまりありませんが、ガンガン加速したいところ。

>230　ただひたすら、すばらしい。あの時、こういうのあったらもしかしたら人生変わってたのかな？※777いいね！いただきました◎ http://t.co/＊＊

　好意的な意見＝＋ X_n が続き、このスタディギフトは、無事に発進・離陸し、安定した上昇を開始するかに見えました。
　しかし、比較的初期段階で初の－（マイナス）が。

>45　家入一真がまたなんか始めた。てかG+の坂口さん出てるやん。成績が落ちて奨学金貰えなくなって苦しいっておい！って感じやけど。/ "studygift 〜学費支援プラットフォーム〜 " http://t.co/＊＊＊

　文面は、ひとまず様子見の感じですが、家入氏個人を嫌う印象が伝わってくるので、この「X_{45}」はマイナスとしました。
　ちなみに文中の「G＋」は「Google＋」（通称・ぐぐたす。Googleが運営するSNS）、「坂口」とはスタディギフトの第一号学生である坂口綾優さんのことです。坂口さんはGoogle＋でフォロワー日本一を記録したことがあるため「G＋の坂口」と表記されたのでしょう。
　なお本書では、公的人物／団体以外の実名表記を避けていますが、坂口さんの場合は2012年に自著（共著）を上梓していることを勘案し、そのまま氏名を記載します。本件の「スタディギフト」ケース当時、彼女は早稲田大学の学生でした。

▶増えるフォロワー数と下降への圧力

　マイナスの意見が出たとはいえ、この時期から急速にフォロワー数が増えていきます。そして、しばらく＋X_nが続きます。ところが262番目のX_nから４件連続のマイナスゾーンが出現し、500番目前後でプラスとマイナスが拮抗すると、820番目から一気に－X_n地帯へと突入します。

>820　studygift | 学費が払えない学生の為の学費支援プラットフォーム #studygift #liverty http://t.co＊＊＊　金を出すほどの価値があるのか・・・・　そしてそこまで可愛くn（ｒｙ
>821　（略）21世紀の乞食のレベルは違う。ヤバイ。
>855　（略）なんか人間の汚い部分を見てしまった気分　不潔

「21世紀の乞食」とされ、「不潔」と評し始めました。これ以降、スタディギフトの最初の支援対象である坂口さんに関して、炎上が開始されることになります。

>1773　Yahoo!ニュースになっていますがサイトが過負荷でダウンしています。現在対応中です。申し訳ありません。【学費が払えないなら俺たちが払う！「studygift」はクラウド時代の「あしながおじさん」なのか】http://t.co/＊＊＊

このように、スタディギフトがネットのニュースに登場すると、またもやフォロワー数が急増。ふたたび＋／－が拮抗し、もみ合いの状態になります。

> 1783　【拡散】早稲田大学＊＊3年生の坂口綾優氏がSNS頑張って成績下がる→奨学金下がる→バイトをして成績が下がる→奨学金下がる→学費寄付してくれ（今ここ）そのくせ寄付金でPC買ったり旅行行く前提。こんな奴に寄付してはいけません
> 1790　studygiftに批判が集まってて驚いた。何が悪いのか分かりませんけどね。応援応援。世の中を良くするサービスだと僕は思いますよ。

　やがて、徐々に$-X_n$方向の力が強くなり、下記の意見を境に下降に転じます。

> 2656　（略）良いアイディアで、すごいと思うけどGoogle＋日本一だかの早大生のニュースとごっちゃになって、良いイメージが無くなりそう

　下降曲線には時おり$+X_n$が顔を出しますが、大きな風向きは変わりません。そして、この下降に破滅的な加速度を与えるような、決定的なダウンフォースが吹き荒れます。$-X_n$の炎上爆発です。

> 2890　@sakaguchiaya @＊＊＊乞食ちーっすw

　この「乞食ちーっすw」がコピー＆ペーストされ、なんと

「3408」まで続きました。実に519件です（文面の変化は末尾の「w」が増えただけ）。連続攻撃で、一気に$-X_n$方向への墜落が決定づけられます。

　X_nは＋／±０／－の数値で分析・評価しますが、その数値を積算したX_n値は、本件の場合「3010」で一時、マイナスゾーンに入りました。これを三次元上の地面とすると、離陸した飛行体はクラッシュダウン。墜落です。海面と設定すれば、そのまま海底に沈降していきます。

　スタディギフトは、なんとか浮上を試みます。以下のようにプラスとゼロとマイナスの混在が見られました。

（－X_nの例）

>3441　寄付の内訳にPCやら旅行費やら入っているとか論外。かなり学生生活を謳歌している様だけど、まずは自分の身の切れる所を切ってから寄付のお願いするもんじゃないの？（後略）

（±０の例）

>3528　一億総評論家なのな、出てくるモノは叩きたいのか。気に入らなかったら、放っとけば良いような。

（＋X_nの例）

>3547　（前略）StudyGiftを応援します！学生が経済的な不自由から解放されれば、勉強や研究にあてられる時間が増えるから、良いことなんじゃないかな？自分は学生だけど、バイトで講義を休んだり、出ても寝てる学生が

多い現状はどうにかしたほうが良い。

しかし「3608」で再度、例の「#studygift 乞食ちーっすｗ」が現われ、「3722」まで続きます。この攻撃によって、マイナスは決定づけられます。

▶フォロワー数急増の陰に隠れた「イベント」とは

ネット空間の意見は玉石混淆。賢者もいれば愚者もいて、誰もが等しく意見を発言・発信できます。その中でときどき、日本人特有の「空気を読むのがうまい」人が現われます。それが賢者と言われる人々です。

> ＞6029　studygiftが支援したい学生に「図書カードを贈る」みたいなサービスで終わる、つまんねー着地点が見えた

ここを境に、X_n 曲線は安定した下降曲線を描きながら終末に向かいます。しかし「6550」から「7258」にかけて突然、フォロワー数が増加します。

すでに「$-X_n$」が確定しているのに、"観客"が増える謎。これには一つのイベントが隠されていました。

本件のスタディギフトでは、坂口さんへの支援金として100万円という目標額が設定されていたのですが、観客はこの募金目標額を達成するかしないかを見届けたかったのです（一部のウェブニュー

スサイトでは『前期・後期の学費 授業料 38万 3500円×2、教育環境整備費 9万円×2 基礎教育充実費（前期のみ）5万円などで、合計 112万 2016円』としています）。

ここでも X_n 曲線の「分かりやすい尺度」である「金額」が顔を出しました。

その目標額は、スタディギフトが稼動した 2012年 5月 17日から約 50時間後に達成されます。

>6748　ついに100％！（注・目標額の100％に達したということ）いろいろ話題になりましたが、応援しています。

のべ 3日間で募金の目標額を達成。今度は、このことに対して論争が展開し、$-X_n$ の流れの中でフォロワー数だけが上がります。

>6752　目標金額達成したのね。おめでとう。この後が肝心だね
>6772　バイトしながら学費稼いで真面目に頑張ってる子はアホらしくなるわな

やがてふたたび、「空気を読む」賢者が登場。

>7074　いまさらながらstudygiftのもろもろを読んだけれど、ネットの正のパワーと負のパワーが現れた好例だと思う
>7390　studygift見てると人って実に簡単にひどい言葉を発してるな〜と思う。人のマイナス方向に振れたときのパワーってすごいね。そして自己陶

酔感半端ない。恐ろしや

　まさしく X_n は、人の良識と欲望の間で還流する、プラス／マイナスのパワーの葛藤なのです。

　ネット上の空気が「$-X_n$」に満たされた瞬間、新たな燃料が発火点になって一気に爆発し、勢いは止められなくなります。マイナスの嵐が吹き荒れます。

　そのマイナス X_n の嵐の中で……、

>7536　開き直った。studygift終了のお知らせ。RT @hbkr: 死ねとか乞食とか言われ続けて、いち人間として、そして仲間やスタッフの代弁者として、馬鹿野郎ざまみろくらいは言うよ。間違ってるとは思わない。がっかりさせる応援者には申し訳ないけど。

　スタディギフトは終了します。「祭り」の終わりです。しかし、ここから「後の祭り」が始まります。フォロワー数は一定量が残り、X_n 曲線で最後の山を作るのです。

>8457　Studygiftについて感じたこと - 美谷＊＊: もうこのことについて言及するのは周回遅れな気もするし、すでに思ったことはStartup Datingの記事へのコメントで言及したのだ…

　この「最後の山」には、周回遅れの人々も集います。騒ぎになったのは何であるのか、見にくるわけですね。また本件の最初の頃に

関わった人々も、見物に戻ってくる。まるで、交通事故が起きたときに反対車線が見物渋滞するように。

　彼らは"祭り"が「どのように終わったのか？」と、結末を見極め、「結局、何だったのか？」と結論を知りたいがために、見物に来るのです。

　そして、一つの見解がアップされます。

>8684　たしかに RT @unk＊＊＊のバッシングは単にネットの風物詩である「嫌儲」と「男よりも楽に稼げる（素人にしてはかわいい）女への嫉妬」が出ただけだ。それだけ。結論これだけだ、ガハハ。これ以上の分析はねぇよ。何はともあれ坂口さん、家入さん、目標達成

　X_n 曲線の参加者が「なるほど、こうだったのか」と了解できそうな結論です。

　この「8684」を契機に、フォロワー数の山は下りに転じ、終局を迎えました。祭りの最後です。

▶恐るべき「負の連鎖」

　一連の「スタディギフト」ケースを、X_n のコメントを拾いながら意味解析的にまとめてみましょう。

・ネットの寵児、家入一真氏の新しい企画発表→・あしながおじさん、家入さん→・学費に困っている人にネットで募金→・なん

と素晴らしい→・さすが家入さん→・すごいぞ家入さん→・みんな、募金しないとこの動きに後れるぞ→・お金を出した→・俺って良い人→・俺らって良い人

以上が、プラスX_nの上り坂。「いいね！」の人々が集まる好意的な祭りの始まりです。
その頂点が……、

・「この姉ちゃんを応援しよう」→・オーッ→・こんな可愛い子ならば応援するぞ‼

デジタル祭りは頂点に達します。
続いて、その頂点が少々テーブルマウンテン状態になり、祭りは盛り上がりに欠け始めます。
しかし、異なる祭り"マイナス処刑の火祭り"が開始されます。
以下が「マイナスX_n」に落ち込む兆候です。

・お金に困っているって言うけど、この子はiPhoneを持ってるぞ→・Google＋でフォロワー数が日本一になってるぞ→・えっ、学費に困った無名の女の子じゃないの？

そのうちに、坂口さんがPCを購入していたり、旅行に行っていたりすることが報告されて、一気にマイナスの地獄坂に落ちていきます。その流れを見てみましょう。

3章 「炎上」と「拡散」のアナリシス②

① ・要するに、この女の子にお金が集まる→・うらやましい→・俺には金がない→・PC買ったり、旅行したり、お金に困ってないじゃん→・嘘ついた→・攻撃開始

② ・(Google＋で) 日本一になっている→・俺にもできそうなこと→・でも俺は日本一になってない→・この家入企画で支援第一号になれば、彼女はまた「一番」の称号→・だけどお金に困ってねーじゃん→・攻撃開始

③ ・少し可愛い→・家入さんとデキてるんじゃねーの？→・俺もやりたい→・やれない→・悔しい→・家入さんではない誰かとデキてる？→・お金をたくさんくれる男では？→・俺、金ないし、やれないし→・攻撃開始

恐るべきマイナスの連鎖です。

しかも彼女が早稲田という有名大学にいることが、大衆が燃料を投下する結果をもたらしました。

後はひたすら、$-X_n$ の海底に向かって沈んでいきます。処刑の火祭りは燃えに燃え、対象を焼き尽くして、終焉を迎えます。

▶上昇して下降する曲線②——「アップログ」ケース

先の「アイスマン」ケースとは別に、下降する X_n 曲線の事例を分析します。

スマートフォンのアプリ「アップログ」（applog）をご存知でしょうか。アンドロイド端末向けのプログラムです。

　発表当時、「自分の使っているスマホに、自分が必要とする広告が提示される新時代のサービス」と期待されましたが、スパイウェアではないかと指摘され、ウェブ上で大炎上したのです。

　何が問題だったのか。それはスマホに電話帳などのアプリをインストールすると、所有者の知らないうちに「アップログ」が付録のように導入され、やはり知らないうちに所有者がどのアプリをどのくらい、どのように使ったかとのデータが、「アップログ」の開発企業（ミログ社）へ勝手に送信されてしまうことでした。

　しかも勝手に送信されたデータは、性別や個人の嗜好などを分析したうえで広告会社に提供され、そのスマホ所有者に適した各種の広告が送られてくるという、よくできた仕組みになっています。

　以上のことが発覚すると、ネット上は騒然としました。自分のスマホに「アップログ」が入っていないか、検知するソフトが緊急開発されたりもしました。

　研究グループが本件「アップログ」ケースを選んだ理由は、あたかもポーカーテーブルに開発費４億円の現金が積まれ、発信者 X_a（＋）と受け手 X_b（－）の二人が、丁々発止の勝負をする様相を呈したからです。

　なぜ「テーブルに４億円の現金」と表現したかといえば、「アップログ」を開発したベンチャー企業のミログ社が、自ら４億円の資金を調達したことを公表しているからです。

発信者＝X_aには、4億円の金がかかっています。一方、受け手であるX_bは、「スパイウェアではないか？」との真っ当な主張をしています。

この両者の＋／－の戦いは、まさに《Informing》＝情報の変質を発生させていたのです。

▶強烈なプレーヤー、現わる

では、意味解析を始めましょう。

まず情報発信者のX_aとなる「kiguchi」氏が登場（ウェブ上では欧文でフルネームのアカウントが使われていました）。日付は2013年5月12日です。

>11　もうそろそろ大きな発表でます（注：出ます）。お楽しみに。

ざわざわ。

その「大きな発表」が、ほどなく公になります。

>16　同時に、AppLogSDKの発表を行いました。アプリ開発者様、ぜひご一読ください。QT アプリ情報を基盤としたオーディエンスターゲティング広告技術「AppLogSDK」公開

スタート当初はプラス（＋）の意見が続き、離陸を開始します。
その中で初のマイナス（－）は、お金がもらえるのか、もらえな

いのかといった反応でした。

>36　http://t.co/＊＊＊を全部読んだ気がするけど複数アプリがAppLogSDKを搭載していた場合全開発者がお金貰えるのかはよくわからなかった。

ここでも「X_n の分かりやすい尺度」である「金額」すなわち金銭欲が出現するわけです。

>64　これ、最高に面白い！ RT @＊＊＊kiguchi: AppLogSDKを導入いただいた開発者様には、１ユーザー（情報送信同意済み）あたり月間１円をお支払いし、収益化http://t.co/＊＊＊

安定した飛翔が開始されるかに見えましたが、二つ目のマイナスが投稿されます。

>66　今後ますますスパイウェアが蔓延するということか。AppLog SDKは中身をチェックしておいた方がよさそうかな。/ "ミログがAndroidアプリ開発者向けにアプリ分析のSDKを提供。medibaと提携でターゲティング広告も" http://t.co/＊＊＊

ここで「アップログ」がスパイウェアであるかどうかという、論争の基幹となる最初の一石が投げ込まれます。
そして 67番目の投稿（アカウント『typ＊＊＊』）に、X_b として

図9 スマホアプリはスパイウェアだったのか

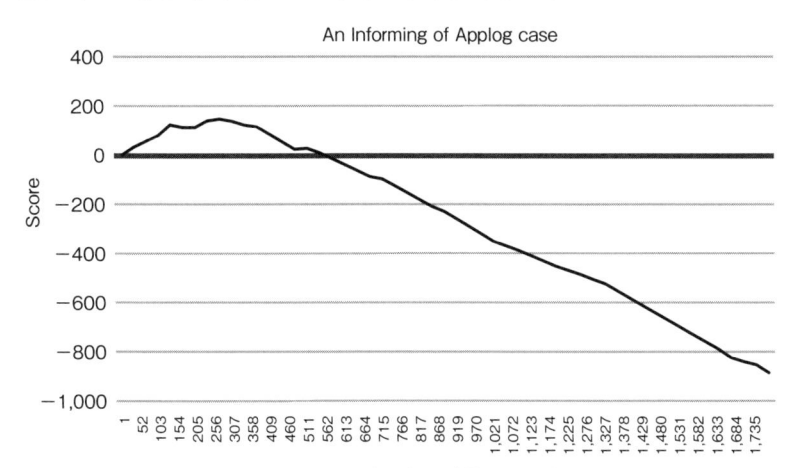

An Informing of Applog case

[グラフ: 横軸 Number of Tweets (1〜1,735)、縦軸 Score (-1,000〜400)。序盤はプラス圏(最大約150)で推移するが、途中からマイナスに転じ、最終的に約-900まで下降する折れ線グラフ]

4億円の開発資金を投入したという「アップログ」。はじめは「最高に面白い！」などプラスの反応が見られたが、ほどなくスパイウェアなのではないかという疑惑の目が向けられるようになった。そこにネットセキュリティの専門家も加わり、SNS上で論争が始まる。

今後の強烈なプレーヤーとなる人物の名前が登場します。

>67 @＊＊＊kiguchi: 高木(たかぎ)先生にもお声がけしてみます。(^_^)

X_a の「kiguchi」氏が即座に反応。

>68 @typ＊＊＊: 既に、高木先生にはご挨拶にお伺いするように、アポ調整をして頂いています

このように、直接コンタクトすることを明言します。

あらかじめ「高木先生」について説明しておきましょう。独立行政法人「産業技術総合研究所」情報セキュリティ研究センターの主任研究員で、現在は内閣官房情報セキュリティセンター研修員も兼務する高木浩光氏のことです。肩書で分かるように、情報セキュリティの専門家ですね。

ログを確認すると、この「高木先生」は最初、とてもフレンドリーな感じで登場します（やはり欧文のアカウント）。

>122 （前略）どのアプリですかー♪?試してみたいですぅ♪

こうして X_n 曲線は、美しく安定的な上昇方向を描きます。
「kiguchi」氏も気を良くしたのか、以下の投稿を。

>181 @＊＊＊Takagi はじめまして、applogに関するRTをして頂いてますが、applogを運営する会社の代表です。高木先生にも一度改めてご見解をお伺いさせて頂きたく、現在＊＊先生経由でアポ調整を頂いております。一度、お時間を頂けると光栄です。

「68」で「アポ調整していただいている」と明記したとおり、ネット上でもコンタクトを取る念の入れようです。
しかし、好事魔多し。すぐに一筋の罅が入ります。堤防は、小さな一カ所でも崩れると、そこから大崩壊が始まります。本件の X_n

曲線でも、大崩壊をもたらす一穴(いっけつ)が開いたのでした。

▶ X_aとX_bの対立

X_aである「kiguchi」氏が、「高木先生」に対して下記のメッセージを連続発信しました。

>189　高木先生　@＊＊＊Takagi に、AppLog関連のRTを頂いていますが、カレログなどと同様に感情的に反応するのはお控えください。ユーザーに明示的に許諾をとっており、アンドロイド全体の繁栄を考えての取組です。http://t.co/＊＊＊
>190　@＊＊＊Takagi（前略）高木先生のように発言力のある賢者のお立場にある方として、建設的なご意見をapplog に対して頂ける事を願っております。

「189」にある「カレログ」とは、女性向けのアプリで、「カレ」とは「彼」すなわち男性を指しているのだそうです。要は、チェックしたい男性の位置情報やダウンロードしたアプリなど、スマホからの情報を女性会員に提供するアプリケーションサービスです。

この「カレログ」ですが、2011年に、プライバシー侵害ではないかと問題視され、翌年にサービスを終了しました。

「kiguchi」氏は「高木先生」が「アップログ」を「カレログ」扱いしたことに立腹した模様です。

しかし「kiguchi」氏の発信に対して、X_bである「高木先生」は

以下のように対応します。

>193 @＊＊＊kiguchi: なぜ無料コンサルタントのようなことを私がしなくてはならないのでしょうか。

両者に溝が生まれます。
「高木先生」（高木浩光氏）は情報セキュリティが専門の研究者ですから、スタンスとしてスマホからの個人情報漏洩などを慎重に扱うべき、との持論があるようです。
2012年には、以下のような講演で注目されました。

（2012年）3月24日に東京大学 本郷キャンパスで開催された「Android Bazaar and Conference 2012 Spring」において、産業技術総合研究所情報セキュリティ研究センターの高木浩光氏が「スマホアプリの利用者情報送信における同意確認のあり方」と題した講演を行い、スマートフォンのアプリがどのように情報収集の同意を行うべきかを説明した。（中略）高木氏はまず、講演の前提として、2009年から開催された「ライフログ活用サービスWG」の第2次提言（10年5月）が、行動ターゲティング広告に関して業界のガイドライン策定を促していた点を説明。こうした取り組みに対して、昨年来、「カレログやミログのAppLogがスパイウェアにあたるのでは、と社会的に問題とされた」（高木氏）ことから、今回のWGが開催されることになったと話す。
　　　　　　　　　　　　（マイナビニュース　2012年3月28日）

実際、アメリカではスマホやPCから、個人情報がダダ漏れ状態で民間企業ならびに国家に監視されているといいます。

▶セキュリティの専門家も驚愕した

　前述したように「アップログ」が組み込まれたアプリを自分のスマホにダウンロードして起動すると、どのアプリをどのくらい使ったか、自動的に送信される仕組みになっていました。
　この仕組みの違法性について、論争が始まります。
　まず「kiguchi」氏が、いきなり「高木先生」への謝罪を表明。

>237　@＊＊＊Takagi　返事遅れて申し訳ありません。言葉足らずで、気分を害してしまい大変反省しております。機会をあらためて筑波まで謝罪をかねてお伺いさせて頂きますので、10分でもお時間頂けると光栄です。

　非常にかしこまった表現ですね。その直後、X_n曲線は最高高度に達したのち、緩やかな下降を描き始めます。
　「高木先生」のコメントを抜粋してみましょう。

>284　まず、オプトアウトであるなら違法。オプトインでなければならない。TechCrunchの記事はAppLogについて「心地良く感じない人もいるかも…送信されないようにユーザーがオプトアウトできるようにもしているという。」と書かれてしまっている。まずはこれを訂正させてはどうか。

>387　@Vipper＊＊＊: 証拠保全にご協力を

　訂正と証拠保全を呼びかけます。このあたりから、X_n曲線は安定した下降曲線を描きます。
　この後、「高木先生」のシンパが「アップログ」のソフトウェアの仕掛けを丸裸にし始めます。まさにネットの力が発揮される場面です。「高木先生」も驚いたようで、このようなコメントを投稿。

>388　うっはー、想定を遥かに超えてた。いくらなんでもそれはあり得ないことと思ってたわ。

　専門家の「想定を超える」、つまり常識を超えたスパイウェアだと認定されたのです。
　こうして、X_b側による"最終死亡宣告"がX_a側に与えられます。

>462　送信先の実体は、Amazon ＊＊ RT @＊＊＊: あれ、AppLogの許諾表示まだ一度も出てないのに勝手にapi.＊＊＊.comにアクセスしてるじゃない…
>463　オワタ。

「463」の早すぎるような終了宣言は、「高木先生」の発信でした。続いて、プログラム解析をずっとしていたX_bの一人が、以下の一言を残します。

> 464　ひでえ('A`)

X_n 曲線は「576」付近で地上に墜落し、マイナスの地下に潜るのですが、その直前に初めて過去形が使われます。ここに来て過去を振り返る記述が見られるわけです。

> 502　applog、試みとしてはすごいよいのだけどなー。どうすればよかったんだろうね。

４億円をかけた、ポーカーならぬネットベンチャーの一大プロジェクトは、過去に葬られようとしています。

> 624　@sakichan: 証拠保全よろ。(こっそりほしいです。)

これは「高木先生」が、X_a ＝「kiguchi」氏による削除作業に対抗しての行動開始宣言でしょう。
一方、世間は「後の祭り」に突入します。

> 804　AppLogの騒動で面白かったのは，その社長が弁明してるTLの中にガンバレ（自身への応援）をリツートしてたこと．なんかね，ちょっとね

上記にある「社長」こそ「kiguchi」氏なのですが、彼は次の言葉を最後に沈黙します。

>832　@fu＊＊＊: 修正有難う御座います。確認しました。追記のコメントもまさにその通りだと思います。弊社としても皆様のご意見を最大限考慮します、一度機会を改めてご相談させて頂けると光栄です。

▶事態を急速化させるネットの力

　炎上曲線の法則性とでも言いましょうか、ここでも「空気を読む」賢者が出現し、こう言います。

>1254　なんか世の中がAppLogけしからん的な流れだな、もうこうなるとオワタ感じだな。

「終わった感」の空気が支配し始めます。その中で「高木先生」が幕引きの合図を出すのです。

>1399　あれをこうしてそうすると、たぶんああなる。それを立証すると、サービスは中止になる。それはそれで教訓として残るが、本題はそれよりもっと大きいところにある。そこが教訓と残らないまま幕引きとなるのを善しとするか。どうする。あるいは、あくまでサービスを中止しないという斜め上の展開でもいい。

そして、ついに止めの一撃が放たれます。

>1765　どうでもいい突っ込みを1つ。CEOのあんちゃん、「ので」が口癖

か？ ATOKでそれだけ連発してたらinput methodごときのATOKに日本語大丈夫かと注意されるぞ（笑）

　こうして、4億円を投じて開発されたアプリケーションソフトは頓挫して、サービス停止となります。ネットの X_n の力が十二分に発揮されたケースです。
「アップログ」は2013年9月28日にサービス開始が発表され、10月10日にはサービスを停止しました。

　従来のマスコミ（マスメディア）だけによる、一方的な情報伝達だけであれば、開始から終了までわずか13日間という急速度の展開は、考えられませんでした。

　ネット上で《Informing》が発生して、情報が還流していった格好の事例です。

　マスメディアが介在しないネット上での論議は、その「速度」がすさまじいことが特徴です。

　情報が集まり、それに対する意見もすぐに集まる。

　結果、ある一定の方向に結論が見出され、導かれてゆく。

　本件は「kiguchi」氏が颯爽と登場し、X_n 曲線をさらにプラス方向に行かせるために「高木先生」を誘うことから始まりました。しかし「高木先生」はアプリの違法性を指摘し、マイナス方向に下り始めます。
「kiguchi」氏は、遜（へりくだ）って「高木先生」に面会を求めますが、「高木先生」の周辺から多くの専門家が降臨。あっと言う間に「アップログ」の脆弱（ぜいじゃく）な部分を丸裸にしてしまいました。

「kiguchi」氏は沈黙せざるを得なくなり、ウェブの炎上に"大衆"が押し寄せます。そして壮大な「後の祭り」が開催されて、終わってゆく。

このような流れでした。

▶フォロワー数で見る「対決」の一部始終

本件「アップログ」ケースを、戦国時代の合戦（かっせん）に譬（たと）えて意味解析してみると、分かりやすいと思います。

この場合、フォロワー数が自軍の"手持ち兵力"となります。

ログを解析すると、「kiguchi」氏軍のフォロワー数は3703名、約4,000の軍勢です。

戦国武将「kiguchi」氏は、この軍勢では合戦に心許ないと、「高木先生」に応援を求めました。そのフォロワー数は20,000。4,000の自軍が24,000の大軍となります。

これは心強く、勝てる戦（いくさ）が見込めます。

20,000の兵を率いる「高木先生」は「kiguchi」氏に接近し、最初は友軍として、参加しそうになります。しかし、これまで詳述してきた経緯から、両軍に溝が生じてしまいました。

ここで「kiguchi」氏に不幸だったのが、「高木先生」の周辺には優秀な物見（ものみ）の者が多くいることでした。そして、彼らを自軍の近くに呼び寄せたことが、かえって物事をよく見えるようにしてしまったのです。

旗印におかしいことがあると、次々と報告が入ります。その報告

3章 「炎上」と「拡散」のアナリシス②

を元に、「高木先生」は確認作業を開始。そして、「kiguchi」氏軍の友軍にはなれないと判断します。

「kiguchi」氏側は、援軍として呼び寄せたはずの20,000の軍勢が敵となり、包囲攻撃を受けます。

4,000が20,000に包囲されるのです。

軍学では、「攻撃するには敵の3倍の兵力が必要」との掟があります。逆に言うと、守りは2.9倍の敵まで耐えられる。本件の場合は、守れるのは約12,000（4,000×2.9＝11,600）までです。

ところが敵は20,000。包囲殲滅(せんめつ)されるには十二分な兵力です。日本の戦国時代ではありませんが、紀元前216年、ローマ軍がカルタゴのハンニバルに完敗した「カンネーの戦い」が再現されたかのようです。

20,000の軍勢が「マイナス」に回り、「プラス」のほうは、わずかに4,000。勝ち目はありません。

20,000の軍勢は、包囲を終えると、外側から崩していきます。「kiguchi」氏は和議を求めますが、20,000の軍勢の勢いは、もはや止まりません。炎が燃え盛ります。その炎上する戦場に、さらに大衆が集まってきました。

「kiguchi」氏軍は総崩れですが、逃げるところはありません。証拠は保全され、大衆の略奪が始まります。総大将の「kiguchi」氏は、頓走し、沈黙します。

一方、4億円を投じた合戦場で、その軍資金はおもしろいように燃え、やがて焼尽(しょうじん)しました。

くすぶり続ける煙を目印に、また人々は集い、「後の祭り」が盛

大に行なわれます。

そして、火は消える。合戦の終わりです。

▶下降して上昇する曲線──「サイバーエージェント」ケース

株式会社サイバーエージェント代表取締役社長の藤田 晋氏が、自社を中途退社した社員に激怒して、新聞の有料サイトにコラムを書きました。その原稿がきっかけで炎上します。

しかし、この場合、X_n曲線は下がって、上がります。すなわち炎上の「消火」に成功したケースです。
「コミネターク」と学生の曲線は同じ動きをしていますが、炎上の激しさを表わす角度が、学生のほうが緩やかになっています。

これは、ジェネレーションギャップと言うより、実社会での勤労経験の有無が左右していると推察されます。

本件の特徴的な点を考えてみましょう。

まず、日本経済新聞の有料サイトで読めるウェブコラム（『経営者ブログ』）が、X_aとなりました。一部を抜粋します。

> 私が退職希望者に「激怒」した理由
> 先日、とある若い社員が、突然サイバーエージェントを辞めたいと言って有給消化に入ったという話を聞き、私は「激怒」しました。「社長が怒っている」という噂が社内に拡散するよう、意図的に怒りました。

社員数が3000人を超えた今、社員が辞めることなど日常茶飯事であり、もちろん通常はいちいち怒ったりしません。仲間が減ることは残念だと思いつつ、黙って手続きを進め、気持ち良く送り出すことにしています。ではなぜ今回、私は激怒したのか。もちろん、理由があります。
　それは、その若い社員に新事業の立ち上げという責任あるポジションを任せていたにもかかわらず、突然アルバイトを辞めるかのように放り出されてしまったからです。転職の話が舞い込み、そのオファーが「自分にとって最後のチャンスだと思った」という理由でしたが、とても自己中心的な考えです。「チャンスをつかむ」という個人的な理由を優先し、今の仕事や関係している社員、取引先に対しての責任を途中で放り出すことを、私は簡単に許すわけにはいきませんでした。
　　　　　　　　　　　　　（日本経済新聞　2014年10月1日）

そして炎上するのですが、その有料サイトを読める"お金持ち"の人々と、読めない人の情報格差が歴然としながら、炎上は始まりました。
　前半は、「コラムが読めない」など、内容が分からないのにもかかわらず、とにかく炎上祭（祭り）を開始して藤田社長を叩こうと、X_bである"観衆"は躍起になります。
　しかし、コラムを読んだ富裕層、あるいは40〜50代の中高年者層は、そのまま「別にいいじゃん」と、早々に炎上祭から撤退するのです。

図10 炎上の「消火」に成功したケース

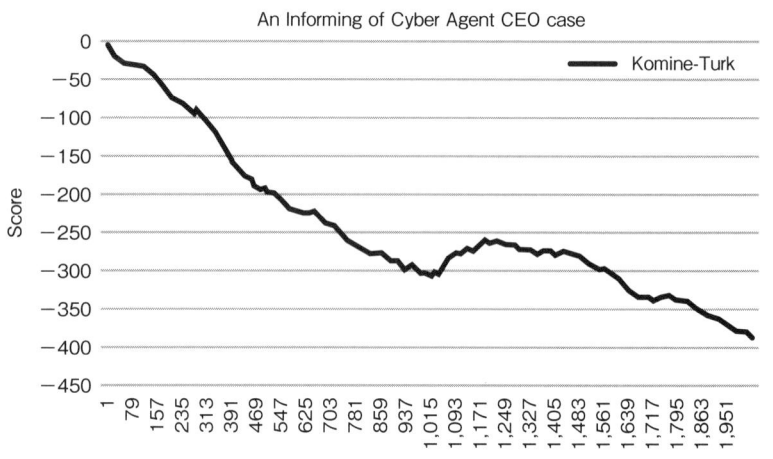

An Informing of Cyber Agent CEO case

(グラフ：Komine-Turk、Score 縦軸、Number of Tweets 横軸)

日本経済新聞の有料サイトに寄稿したコラムがきっかけで炎上が始まった。しかしグラフを見ると、途中で上昇曲線を描いていたことが分かる。ここに「炎上アナウンス」という新しい形が見える。

そして、もう一つ。以下の投稿が、早い時点で「結論」に誘導すします。

>487 ブログ書いた RT 志村けんと激怒した藤田晋社長に学ぶWebライティングのコツ - 借力日記 http://t.co/＊＊＊

これで結論は出ています。

炎上には、法則的に賢者の知恵が投じられます。その賢者の知恵は、一般人多数の意見を靡(なび)かせ、炎上の方向性を決めます。

しかし、通常の炎上祭参加者たちは、この「487」ようなウェブ

コラムは読みません。"幹"を一気に走るので、"枝葉"には行かないのですね。

▶新しい炎上の形と使い方

ところが今回、この枝葉に大きな果実が実っていました。ここから、新しい「炎上」の使い方が見えてきます。

長文ですが、そのウェブコラム（「487」）を引用します（改行や振り仮名などの処理は引用者による）。

　志村けんと激怒したサイバー藤田社長に学ぶWebライティングのコツ

　とある媒体向けにWebライティングについて原稿を書いていたら、素晴らしくネット向けに編集された記事が話題になった。あえてツッコまれやすいように構成されていて見事だ。

　私が退職希望者に「激怒」した理由（藤田晋氏の経営者ブログ）
　http://www.nikkei.com/＊＊＊

　ネットの記事では、いかにツッコンでもらうか、と工夫することが多い。例えば「お笑いコンテンツ」の場合、テレビなどの従来のメディアでは、漫才のようにボケとツッコミがセットでコン

テンツが作られているが、ネットでボケる場合にはツッコミ役は不要。ユーザーがツッコンでくれるからだ。

　むしろコンテンツの中にツッコミの要素を入れすぎると、ユーザーがコンテンツに参加できなくなってしまう。ボケっぱなしの代表例が「才能のムダ使い」と呼ばれる、間違った方向に努力を続ける記事だ。

　これはお笑い記事だけの話ではなく真面目な記事でも使える方法で、藤田氏の記事も内容は置いておいてその表現方法に注目すると、非常にうまく書かれている。

　まずタイトルで使われている「激怒」と「…した理由」というキーワードは、ネットの記事タイトルで引きのある人気ワード。特に激怒はウケやすいので、あえて利用を禁止している某ネットメディアもある。誰もが激怒している事になってしまうからだ。つまりタイトルからしてバズらせる気まんまんだ。

　そもそも経営者が感情を表現するというギャップも引きが強く、特に良いのは主張が経営者目線で貫かれ、社員目線から見た意見とのバランスを欠いている点。記事の書き方も、人柄を表現しやすい独白する形式をとっており、質問や反論をする編集者の顔が出てこないのも徹底していて秀逸。

　このように目線のバランスを欠いたものほどツッコム余白が大きい。これは実は、『8時だョ！全員集合』で「志村うしろ！」と叫びたくなる心理と同じ。お化けに翻弄される志村けんは、お化けに気づかないふりをしている。するとお化けを自分だけが知っ

ていると思った観客は、どうしても志村に教えたくなる。

　同じように、社員目線に気づかない（書き方をあえてしている）藤田氏に対して、「社員うしろ！」と叫びたくなってしまう。このように観客を「主人公が知らない真実の目撃者にする」という手法は、映像でもよく使われる方法だけど、実際に声のとどく劇場の方が効果的になる。
　野球の野次が絶えないのも、実際に声が選手に届くから。つまり「志村うしろメソッド」の効果は、主人公と観客の距離の近さに比例する。そのため、誰にでも意見・野次を言えるネットだと特に効果的になる。特に、ネット業界の「みのもんた」こと山本一郎氏まで引っかかってるのが愉快だ。
　藤田社長の記事がどこまで意図的かはわからないけど、タイトルと構成は話題を呼ぶようにできている。ちなみに女装するなどバカな行動で有名なヴァージン・グループの創設者・リチャード・ブランソンは著書の中で、安くＰＲするためにあえてバカな行動をしているのだと、あっさりと種あかしをしている。
　いずれにせよ、Ｗebライティングを学ぶのに素晴らしい記事だと思った。（後略）

懐かしの1970年代ギャグである「志村、後ろー‼」。これを「志村メソッド」と名付け、ドリフターズの観客参加の手法が使われている、と「487」氏は論評しました。
「空気を読む」賢者による、一定の結論と言っていいでしょう。

▶奇跡的な上昇の理由

　しかしネットユーザーは、わざわざそのウェブコラムを見つけて読むようなことをしません。

　彼らは「炎上」という祭りを楽しみたいのです。

　さらには、日経新聞の有料サイト（有料会員だけが読める記事）に行き、お金を払って「騒動の素」＝藤田社長のブログを読むこともしません。炎上祭は、無料＝タダで楽しめることが大切なのです。

　しかし、この"藤田炎上祭"に、良い材料（燃料）が入ってきます。前出「487」氏のコラムにも紹介された「ネット業界のみのもんた」氏です。

>660　【速報】裏事情を掴んだやまもといちろうが退職者に激怒したサイバーエージェント藤田晋に突撃して矛盾点を攻める netgeek http://t.co/＊＊＊

　やまもといちろう（山本一郎）氏が、藤田社長に論戦を求めたのです。

　炎上がさらに燃え上がる期待が、一気に膨らみます。

　しかし、X_bが1000番目を数える頃から、この曲線は炎上を示す下降から奇跡的に上向き、《ホッケースティック曲線》を描きます。

　例えば、下記のようなコメント。

> >999　CA藤田シャチョーの公開激怒記事（笑）って、あれ単純に、「失敗は許すよ。でも、裏切りは許さないよ」ってのを社員（未来の社員含む）に見せつけるための、社長の姿勢アピールなんじゃないの？思い付きで言うほど馬鹿じゃねーと思う。

こうした「すべてお見通しさ！」的なコメントが増えるのです。

やまもといちろう氏の果敢な挑戦に対しても、藤田社長はまったく相手にしません。

その後、X_n曲線は《ホッケースティック曲線》から、緩やかな炎上曲線、すなわち下降を示します。

しかし、その角度は緩やかです。単純炎上の後期に見られるような角度でした。

つまり炎上祭は飽きられ始め、終息を開始したのです。

> >1166　藤田晋社長の激怒は経営的判断としては極めてまとも - 法廷日記 http://t.co/＊＊＊

終盤、やまもといちろう氏と藤田社長の対決を促すような投稿もなされます。

> >1621　ころしあえ /"【速報】裏事情を掴んだやまもといちろうが退職者に激怒したサイバーエージェント藤田晋に突撃して矛盾点を攻める | netgeek" http://t.co/＊＊＊

「ころしあえ」（殺し合え）とけしかけます。しかし、何も起きずに事態は収束していきます。

　このようなことが言えるでしょう。
　藤田社長は、上から目線ではあるけれど、有料コラムを使って炎上させ、話題になった。このとき、有料という対価を払った人だけに分かる情報伝達回路で、伝えたいことを世間に伝えた。
　そして早い段階で、その手法は見破られ、当該コラムを読んだ人々は離れてゆく。
　藤田社長に論戦を挑んだやまもと氏を相手にせずに、炎上祭は終わる——炎上祭をみごとに使いこなした、藤田社長の手腕だけが光ったケースが本件です。
「炎上マーケティング」に続く、「炎上アナウンス」と呼称されるケースです。
　ウェブ、すなわちネット空間を上手に使いこなす技術が、ここで新たに登場しました。
　人類が初めて手にした道具「火」と同じように、ウェブが「道具」として、また一つ進化した瞬間なのです。

【コラム】

日本の炎上と、アメリカの炎上

筑波大学図書館情報メディア系助教　落合陽一

　インターネットがこの世界のインフラとなってから早10年。Google、Amazon、Yahoo、Facebook、Twitterといったような主要なIT企業のほとんどはアメリカ企業であり、日本はIT後進国となりつつある。「IT後進国」という表現の含意は二つある。一つはITによって利潤が少ないという意味であり、もう一つは国民へのIT普及率が低いという意味である。こと炎上に関しては、後者の普及率の割合が重要になってくる。

　そうしたSNSの主要サービスの社会への浸透度や普及率の差、及び、そもそも多民族とほぼ単一民族という文化の違いが影響してか、日本における炎上とアメリカにおける炎上ではやや形質が違う。本稿ではその点について述べようと思う。

*

　たとえば、有名な炎上事件である日本の冷凍庫炎上や吉野家炎上に類するものとして、アメリカではタコベル炎上やドミノピザ炎上などがあった。タコベルは、ネズミがテーブルの上を走る様子をゲリラ的に撮影され放映されたものがインターネット上で炎上し、飲食店として致命的な打撃を受けたし、ドミノピザでは鼻でチーズを扱う従業員の投稿写真があらゆるところで晒され、株価が暴落した。これらは日本でよく聞く炎上と似ているケースである。国は変わっても炎上のネタ自体はほぼ変わらない。バカはどこにでもいるものなのだ。

　炎上という言葉を考え直してみよう、我が国で「ネット炎上」という言葉を聞くようになったのは、今のようなSNS全盛時代ではなく、ブログ時

代にさかのぼる。「炎上した」は、英語でもunder fire（アンダーファイア）とか表現する。当時、問題発言を行なった著名人のブログのコメント欄が不特定多数からの批判コメントで埋まり、炎上と呼ばれるようになった。それが炎上の始まりと言えるだろう。当時の炎上は、すでに著名な人間がネット上にたむろする一般大衆からの直接的な批判に晒されることを指した。たとえばテレビで失言したりすることによって数万のコメントが寄せられるなど、批判が一極集中する様子が見られた。

それとは別に、犯罪を犯した者を特定し晒す行動は、2ちゃんねるのようなアングラ掲示板文化の中で生まれてきたものであり、これ自体は、たとえば酒鬼薔薇事件の加害者少年の顔写真がネットで拡散するなど、1997年頃から行なわれていた。そして個人がSNSを持つようになったmixiのようなサービスの登場以降、本人のアカウントから情報が流出し、特定され、炎上した上で、本人への直接的な攻撃へと到達するケースまで見られるようになった。

*

日本における炎上の最終到達点は、個人の場合は逮捕もしくは解雇、企業体の場合は営業停止もしくは倒産である。日本のネットユーザーは比較的「お行儀がよい」ので、集団が同じ意見に染まろうとしている時に個人の発言が抑止力として働くこともある。それは炎上と炎上理由に関して大人気ない叩き方だとか、加害者の人権問題といったようなメタ的な反対意見を述べることが許容される空気があるからだ。個人の場合でも、最悪の場合はリベンジポルノのようにヌード写真がWebにばら撒かれるようなケースもあるが、アメリカの場合、日本の炎上の比ではなく、もっとエスカレートするケースが散見される。

たとえば、本人以外の、友人や家族、共同体のメンバーにいたるまでの殺人予告が行なわれたり、批判の対象に晒される、直接脅迫されるなどの実際行動に表われるのである。実例を挙げれば、人種差別発言をした本人とその家族に危害が加えられたり、テロの遺族を中傷するようなコスプレをした人物が炎上し、それによってヌード写真がばら撒かれたりする。それに加えて、ネットの自警団は炎上者を擁護するような動きをする第三者に対して、積極的な攻撃をしかけるのが特徴である。炎上者や炎上を止めにかかること自体が悪として扱われる。つまり一度炎上すると、高確率で炎上者側が破滅に追い込まれるのだ。

　これには複数の理由があると考えられる。まず、FacebookなどアメリカのSNS普及率（インターネット利用者に対する普及率）は我々日本の普及率に比べ40％近く高い98％弱である、ということ。この事実は、炎上する発言をした人物の追加の個人情報が容易に入手可能であることを示している。現にアメリカでは、SNS上での証拠が離婚裁判に利用されたり、離婚の原因として挙げられるなど、SNS上でのやり取りがリアルな社会生活に影響している場面も多い。多くのSNSサービスがアメリカ発であり、アメリカ国内に積極的にリーチしていったため、このような炎上の土壌（総国民の個人的コンテンツにインターネット上でアクセス可能な状況）が作られたものと考えられる。

　またスマートフォンユーザーの割合も日本に比べて高いため、速報的な連鎖反応が極めて起こりやすい。たとえば、Youtubeに上がる告発動画や炎上動画は、すぐに数百万回の再生数を記録するし、Reddit（動画掲示板）などを通じて、SNS上であっという間に共有される。このプロセスは日本では、「2chまとめサイト」を通じて拡散されることが多かったが、ア

メリカでは拡散プロセスのフィルタリングがRedditなどによって効果的に行なわれており、動画や炎上記事の拡散速度が非常に速いのが特徴である。

*

　この日米の差を見るに、二つのことが言える。まずアメリカで炎上したものはすぐ他の国に流出する、それがふたたび炎上の火種となって燃え続ける、ということである。これは言語による壁であって、日本の炎上がこの拡散力を手に入れることはしばらくはないだろう。しかし、もう一点の普及率による炎上のための土壌については、徐々に炎上しやすくなっていくと言えるだろう。

　いや、むしろ、すぐに到来すると考えられる。近年、明らかに我が国の炎上の確率は上昇している。それはスマートフォンとSNSの組み合わせが普及したことにより、炎上の種となりやすいようなネタがネットに上がりやすくなった点と、個人のSNSアカウントが非常に増えた点にある。このまま我が国の炎上が、アメリカの炎上のように悪化しないだろうか？　私は、我が国でもあと数年以内に炎上もより過酷なものになっていくように思える。炎上それ自体に対して我々がどうやって関わっていくべきなのか、慎重に考えていかねばならない。

4章

ネット言論を動かす「3つのスタンダード」

前章までに、全6ケースの意味解析を試みました。その結果、研究グループが発見したことがあります。
　それは、情報 X_a に《Informing》が起こり、X_b として＋／－に動く理由は、「金」（金銭）と「性欲」と「社会正義」に集約されるということです。いわば、これらが炎上に作用するスタンダードなのですね。
　この3つのスタンダードが、どのように作用するのか、考察します。

▶スタンダード1──金（金銭）

　まず、最初のスタンダードである「金」（お金、マネー、金銭）です。
「こいつは、俺より金を儲けている」
「私より、金を持っている」
「なぜ、こんな奴が俺（私）より金を儲けて、金持ちなんだ？」
　以上のような意見が発生する場合は、X_n はマイナスに振れます。
　一方、逆の場合。
「俺も簡単に儲けられそうだ」
「金持ちになれる」
「金がもらえる」
「金が稼げる」
　このとき、X_n はプラスに振れます。
　ここで大切なキーワードを指摘しましょう。

「簡単に」

　です。

　お金の儲かる過程が難しそうではダメなのです。X_n はプラスに向かいません。

　とても容易に理解できて、誰にでも（俺にも）できる。そして確実に儲けられそうな仕組みでなければなりません。

　また、何かで苦労する、努力する、汗をかく、大変そう……などと思わせる"儲け話"は、すべて却下されます。

「簡単に」に続くキーワードは、

「すぐに」

　です。

「すぐに」とは、とても短期に、たとえば今から1秒後にでも儲けられてしまうことを意味します。

　現実にお金が手に入り「儲かる」まで、時間が短ければ短いほどいいのです。

「簡単に」「すぐに」を追いかける三つ目のキーワード。何でしょうか？

「たくさん」

　です。

　1円や10円ではダメなのですね。これでは「少ない」というわけです。

10万円→100万円→あわよくば1億円……そう、「たくさん」でなければX_bは反応しません。

すなわち、「複雑な」過程を経て、「長い時間」がかかり、「少し」しか金がもらえないのは、「嫌い」なのです。

X_n曲線の"観客"（この観客はステージを見ているだけではなく、野次を飛ばしたり、自ら演者になったりします）たちは、現在置かれた「少し」しか金を稼げない生活環境を「すぐに」何とかしたいのです。

そのための情報が、ネット上には溢れています。

「簡単に」、「すぐに」、さらには「たくさん」、お金をもらえる、稼げる、儲けられる——この系統の情報に対しての《Informing》は、確実にプラスになります。

それは、なぜでしょうか。いくつか理由はありますが、最も大きいものは、他人に対する「嫉妬」（ジェラシー）でしょう。

太古の昔、まだ、人類のほとんどが狩猟民族だった頃、雪が降る厳しい冬を前に、山に入った男の狩人たちは獲物を追います。

その狩りの成果次第で、雪に閉ざされた冬を越せるかどうかが決まります。

数日後、男の狩人たちが三々五々、引き上げてきます。

男Aは、獲物ゼロで、悔しがっている。そこに男Bが、美味そうな丸々太った雌の鹿を背負い、さらに、木で作った橇の上に数頭の獲物を載せて帰ってきました。

4章　ネット言論を動かす「3つのスタンダード」

　女たちは、安心して男Bに寄り添います。来春までに餓死しないですむのだから当然です。男Bは何人もの"妻"を養うことになりました。

　太古の昔、一夫一婦制は存在しません。一人の男と一人の女が結婚して夫婦になるのは、キリスト教が誕生してからの話です。

　それはさておき、原始時代は、獲物（食い物）を「たくさん」持つ男に、女たちが自分の命を託しました。

　そこで男Aは思います。

（なぜ、あいつが俺より獲物をたくさん獲って、持っているのだ？）

　男Aが男Bに襲いかかります。

（この獲物を、今ここで奪えばいい）

　最も簡単な狩りです。

　しかし狩猟の巧い男Bは、戦いにも慣れていて強い。男Bは、襲いかかってきた男Aを、あっと言う間に殺してしまいます。

　太古の昔では、安心して冬を越すために、すべての危険を除去しなければなりません。

　もちろん文明が進み、法が国家を治める現代では、男Aの行動は許されません。男Bも裁判で過剰防衛を問われ、正当防衛が認められるかどうかとなります。

　しかし、民主主義の世界ならば、ネット上の「意見表明」「意思表明」は許されます。

　男Aの、嫉妬に駆られたような「なぜ、あいつが俺より獲物をたくさん獲って、持っているのだ？」という想念は、ネット上に文字

列で記載することが可能になったのです。また、この想念にある「獲物」は、現在では「貨幣経済」に置き換えられています。獲物の肉の量が金銭に換算されているわけです。

「全員が平等」の幻影

　X_n がマイナスになる理由が、もう一つ存在します。
　核兵器を２発、投下されて、世界唯一の被爆国（核戦争敗戦国）である日本。すさまじい戦争に敗北した結果、誕生した日本国。
　その日本国の平和を 70 年以上、護り続けているのが「平和憲法」です。
　この世界に誇る平和憲法には、以下の条文が掲げられています。

　第十四条　すべて国民は、法の下に平等であつて、人種、信条、性別、社会的身分又は門地により、政治的、経済的又は社会的関係において、差別されない。

　この"平等の精神"が日本人に刷り込まれているため、「すべては平等」と思ってしまいます。
「平等」のはずなのに、現実としての貧富の差は、否定しようがありません。だから、「なぜこいつだけが金持ちなのだ？」と疑問を抱いてしまうのです。
「平等」には、さまざまな制約があると思うのですが……。

では、スタンダード「金」で、X_nがプラスに振れるのはどんな時でしょうか。

　分析したケースでは、「スタディギフト」でプラスに振れた状況から推察できます。

「助けよう」

「助けてあげたい」

　と、互助精神に響けば、プラスに振れます。これは、人間の心の中に「良いことがしたい」という願望があるからです。

　この「スタディギフト」ケースで、初期に順調な出資が得られたのは、クラウドファンディングという仕組みが大きく作用しているでしょう。

　ネット上で自らのプロジェクトを発表し、賛同を得た案件には、ネットを通じて多くの資金が集まります。

「この趣旨に賛同した」

「お金が足りずに困っているのならば、ぜひ助けたい」

　と、善意の助け合いの精神が発揮されます。

「ネットでのお隣同士、助け合いましょう」

　との互助精神も発揮されます。

　数多くの資金不足のプロジェクトが、このクラウドファンディングで資金を調達し、動き始めています。

「スタディギフト」は失敗しましたが、これは途中で、話題が「性欲」に転じ、マイナスが集中して炎上した結果です。次節で説明しましょう。

▶スタンダード２──「性欲」

　前節で述べた「すべては平等」という平等意識が炸裂する、もう一つのスタンダード。

　それが「性欲」です。

　前述したように、「スタディギフト」が炎上して、ダメになった原因が、このファクターです。
　X_aが、X_bよりも女に「モテる」「やっている」と認識されてきた場合、または勝手に推測できる場合、X_n曲線は一斉にマイナスに振れます。
　これは、なぜでしょうか？
「あいつとそいつは、やっている」
「こいつら、デキている」
　など、性的関係の樹立に成功した男女に関する事実、または推察させる情報。
　これらを知らなければ、よけいな詮索や嫉妬は湧いてきません。
　しかし、今は情報過多時代。ネットから、どんな情報も瞬時に入手可能です。
　すると、事実（ではないか）と推察させる情報に、否が応でも接してしまいます。
　すると、

「こいつら、やっている」
「なぜ俺より、こいつのほうが女とSEXしてるんだ？」
「なぜ俺にできず、こいつだけがやりまくっているんだ？」
　と、他人の性行為に嫉妬を増大させていきます。
　金銭を持たざる者の悩みと、異性にモテない者の悩みは同等なのです。
　金と性欲は、微妙に絡み合います。「女にモテる」と「金を持っている」は、同じレベルのステイタスなのです。
　すなわち"モテ指数"は、金銭と性欲を横断します。

人間の「業（ごう）」がなせる行動

「性欲」はなぜ、深い嫉妬と悩みを生むのでしょうか。これは、人間の遺伝子に組み込まれたＤＮＡのなせる業です。
「こいつは、俺よりやりまくっている。なぜなんだ？」
　この嫉妬は「性欲」に起因していますが、根本的な要因は、さらにその奥にあります。
　DNAの中に組み込まれた生存本能が発動しているのです。
　自分の遺伝子を継いだ子孫を残さなければならない、と人間の本能は訴えます。
　異性にモテまくり、飽きるほど性行為を重ねて、あちらこちらに自分の子孫を残そうとするのは、「子孫の繁栄」のために他ならないからです。
「性欲、汚らわしい」

「下ネタ禁止よ」

と、一言、二言で片づける前に、これは人間の、未来に対する生き残りの業(ごう)がなせることなのだ、と理解すべきでしょう。

最新の研究（オックスフォード大学のDNA解析）によると、12世紀のユーラシア大陸に巨大な帝国を築いたチンギス・ハンの直系の子孫は、現代の世界に1,600万人もいるとのこと。

まさに「あいつ、やりまくってるぜ」のチャンピオンが、チンギス・ハン皇帝なのです。子孫繁栄の本能を日本の近所で最大限発揮したのは、モンゴル人でした。

人間の本能のなせる業(わざ)です。

未来に自分の遺伝子を生存させるには、あちらこちらに子孫を残さなければなりません。

安全対策です。

いつどこで、天変地異、戦争が起きるか分かりません。

知人から聞かされたのですが、台湾では、富裕層が自分の子どもを米国、または欧州に留学させ、そのまま現地にに住まわせて、祖国滅亡に備えているそうです。

子孫繁栄のためには……あちらこちらに子どもを作るには、「やりまくる」しかありません。

前述したように、古代の実力者は、本妻の他に、何人もの女性を囲うことができました。

チンギス・ハンも正妻の他に、日本風に言うと「側室」として何十人もの女性を抱え、子を産ませました。だから末裔（直系の子孫）が1,600万人もいるのです。

4章　ネット言論を動かす「3つのスタンダード」

　明治以降、キリスト教の一夫一婦制が本格的に入ってきた日本では「信じられない出来事」でしょう。

　しかし、12世紀当時は「女に恵まれない男」が、多数存在していたはずです。

　何しろチンギス・ハン皇帝が、いい女を全部、獲っていくのですから。恵まれない男たちが文句の一つでも言えば、きっと処刑されていたでしょう。

　その「女に恵まれない男」「女とSEXできない男」は、現代もいます。日本に限ったことではありませんが、ひとまず話を日本国内のSNS上に戻しましょう。

「すべての人間は平等である」
　または、
「平等であるはずだ。だけど……」
　この意識が、X_nにおける＋／－のスタート地点です。
「俺より金持ち」
「俺より女にモテている」
　というわけで、金と性欲によってマイナスに振れます。
　では、プラスに振れるのはどんな時なのか？
　これは、まだ研究ケースがないので、これからの課題です。
　仮定するならば、「圧倒的にモテない」男Ａの「とても悲惨な童貞物語」の事実XをX_aとして発信すると、プラスに振れるかもしれません。
　古典的な例では、２ちゃんねるから誕生した物語『電車男』が挙

げられると思います。

▶スタンダード3──「社会正義」

炎上に作用するスタンダードとして「金」と「性欲」を見てきました。このうち「金」については「儲かる」などの情報が「嘘」または「嘘っぽい」となった瞬間、爆発します。そこに三つ目のスタンダード「社会正義」が登場するのです。

第一発信者の情報 X_a が、
「嘘をついている」
とされ、X_b が、
「社会的に許せない」
と社会正義に立った場合、すなわち糾弾できると判断した場合、一気にマイナスになります。

最初の X_a の発言者が「嘘をついている」と認定された例は、「アップログ」ケースでしょう。これは致命的です。
当初、以下のような告知がなされました。

>21　AppLogSDKを導入いただいた開発者様には、1ユーザー（情報送信同意済み）あたり月間1円をお支払いし、収益化に貢献させて頂きます。日本在住開発者限定で先行公開です。http://t.co/＊＊

ところが、「収益化に貢献」ではあるものの、一方でスパイウェ

アの疑惑が浮上しました。

X_a の嘘を暴くために、X_b は一斉に動きます。

彼らは裏切られた（と思った）のです。

「簡単に」、「すぐに」そして「たくさん」来るはずの金が疑わしくなってしまいました。すると、どうなるか？

「簡単に」、そして「すぐに」、「たくさん」の抗議の攻撃が開始されます。

「アップログ」ケースで発揮された社会正義には、ネットの「集合知」の力が光りました。複数の人の知が結集して、一瞬で巨大な叡智溢れる知となったのです。

その集合知が、デジタルジャングルに狡猾に隠されたソフトウェアの罠を暴き出しました。

社会正義が十二分に発揮されています。

「悪いことをした」対象への攻撃

次に、X_a が「悪いことをした」例を挙げましょう。「アイスマン」ケースです。

高校生が、コンビニでアイスクリームを売っている冷蔵庫の中に入った写真を投稿しました。

この場合の社会正義の炸裂を説明すると、次の一文に凝縮できます。

「こいつは悪いことをした。どこの誰かを判明させ、罰を受けさせて、懲らしめてやろう」

この瞬間、炸裂します。
　最近、リアルワールドの眼前では、子どもがどんなに悪いことをしようと、「怒る」ことがめっきりと少なくなりました。
　その子どもの親が、いわゆる「モンスターペアレント」などの場合、「怖い報復」があり得ます。
　その「怖さ」があるので、子どもの悪さに、周囲の大人たちは見て見ぬふりをします。
　しかし、リアルワールドでは叱れませんが、SNS上であれば、「匿名」ゆえに誰でも特定の人物を、思いっきり叱ることができますし、叩きまくれます。
　そう考えれば、「叱る」ことができるSNSは、リアルワールドよりも健全かもしれません。
　リアルワールドで徹底的にできないぶん、ここSNS上では徹底的にやります。

　ここで「アイスマン」の友人たちが反撃に出ました。アイスマンたちが、"怖いグループ"と繋がっていることを示唆する警告が発せられます。
　しかし、匿名の世界なので、この「警告」がさらに燃料を投下した形になり、怒涛の進撃が続きます。
　前出の「アップログ」ケースでは、「集合知」が最大の武器となりましたが、この「アイスマン」のケースでは「集団探知力」が主力となります。
　この力は、ほんの小さな手がかりから、本人を特定するのに発揮

4章　ネット言論を動かす「3つのスタンダード」

されます。

それは新聞社の取材能力を上回ります。

なぜかと言えば、出来事の「面」に投入される人員が、ネットのほうが圧倒的に大量だからです。

そして、本人特定が「面」から絞られて「点」に移動したとき、瞬時にその「点」の近く（地元）に張り付いている、というか近所の住人が反応して「ここでしょ？」と発信するのです。

ネットワークの強さです。

ここで持ち上がった社会正義は、特定対象者の素性と正体が判明し、警察に逮捕されるか、または全員が納得する金額の賠償金を払うか、いずれかの結論が出たとき、行使が終わります。「罪人」の烙印、または「金」という二つの尺度で測られています。

もう一点、観察できるのは「錦の御旗」の必要性です。

悪いことをした人物を特定し、懲らしめるのですから、徹底的にやってもいい「印」が必要になります。

これには、誰でも分かる「明らかに悪いこと」を示すものがあれば十分です。

「アイスマン」ケースでは、冷蔵庫に入った画像が投稿され、ネット上に消えない証拠物件として残りました。明らかに「悪いこと」をしている証明となります。

これが「錦の御旗」です。錦の御旗を手にすれば、徹底的にやっていいのです。

このムーブメントですが、日本人は時代劇や明治維新の官軍で鍛

えられているので、「御旗」が立ったときのメンタリティは強力です。

「許せないこと」で「社会正義」が爆発する

「悪いこと」に引き続き、「許せないこと」を考察します。サンプルは「エリート」ケース。被災者や老人を愚弄した、経済産業省の「お役人様」のケースです。

この発言者（X_a＝エリート官僚）が、どこの誰か分からないと思っていても——たとえブログで「パパ」とペンネームを使っていても、X_bは許しません。全員、全力で、「パパ」の身元特定に走ります。

「許せないこと」とは、お役人様の放言／暴言の内容そのものでした。そして、この場合の社会正義は、「パパ」という名の官僚＝お上に対する民の力として発動されました。まさに「一寸の虫にも五分の魂」です。

「集団知」と「集合取材力」は、小さなピースでも、組み上げれば大きな絵となって現われます。

その絵は、力を持ちます。

そして、お役人様の不埒な悪行三昧を成敗してしまうのです。

週刊誌編集者を経験した筆者は思います。もし、この「エリート」ケースが、週刊誌報道が元になって公然化したとすれば、次号が発売されるまでの１週間のうちに、役所内部でケリをつけてしま

4章　ネット言論を動かす「3つのスタンダード」

い、騒ぎが大きくなる前に終わっていたでしょう。

　週刊誌は、取材対象者に1週間の時間的猶予を与えますから、その間に相手は防護策を巡らし、逃げることも可能です。

　しかし、SNSは違います。パブリックな（みんなが見ているということ）世界で、同時進行で、24時間ノンストップで、取材と追跡作業が続行されます。

「民」の力が、ずっと連続で結集されて、「官」と対決します。憲法に保障された「主権在民」が、そのとおりに発揮されます。

　お役人様の心の根底には、この国を動かし、すべてを決めているのは、国民でも、国民から選ばれた国会議員でもありません。官僚である自分たちだ、という自負があります。

　その官僚の自負心が、図らずも全露出したのが「パパ」のブログでした。

　主権のある国民は、その行為を許しません。

　社会正義の行使です。

　この場合、国民が官僚を許すのは、最低でも配置転換、戒告、罷免といった処分。最後が自殺です。命までを「的」にして、攻撃は続きます。「集団化した社会正義」は恐ろしいのです。

　X_aが「社会正義」に反する行為をいていれば、X_n曲線では一気にマイナス爆発が発生して、炎上します。

　炎上は世論を形作ります。そして、X_aの官僚に社会的制裁が下されるまで、X_bは世論を動かし続けます。

　かつて、マスコミだけが持っていた機能をネットが持つことになったのです。

その世論はネット上で、どのように形成されるのでしょうか。

▶SNS登場以前と以後で、世論の構図はどう変わったか

20世紀末、まだSNSがない時代に、マスコミ報道で世論がどう動いたのかを説明します。

筆者(小峯)は当時、「週刊プレイボーイ」(集英社)の編集者として活動していました。

1984年から翌年にかけて、日本で狂乱の報道合戦の渦を巻き起こした三浦和義氏(故人)の『疑惑の銃弾』を事例として挙げましょう。

住宅街にある喫茶店に数人の男たちが集まり、ひょんなことから三浦和義氏の撃たれた奥さんが、東海大学病院に米軍のヘリで搬送された話題になりました。

アメリカの犯罪に詳しい一人が、疑問を挟みます。

これが『疑惑の銃弾』の始まりでした。

1984年1月19日発売の「週刊文春」(文藝春秋)が『疑惑の銃弾』のタイトルで記事を掲載。以後7回、7週にわたって連載されることになります。

「ロス疑惑」の4文字が雑誌、新聞、テレビのワイドショーに躍ります。日本人は一億総探偵となって、この疑惑を追跡しました。

もちろん「週刊プレイボーイ」も後追いを開始します。

話題になれば、それに便乗して騒ぎを大きくするのが日本のマス

コミの伝統芸の一つです。

　翌週、「週刊文春」が第２弾を掲載。駅の売店、コンビニ、書店へと、日本人は争って週刊誌を買いに走りました。

　輪をかけるようにテレビが大々的にオンエアし、さらに騒ぎは大きくなります。

　雑誌の売り上げ部数、テレビの視聴率が上がれば、さらに祭りは盛り上がり、熱くなってゆきます。

　１億人の総探偵は、最初から三浦氏を"犯人"と決めてかかり、追いかけ回します。テレビを見て、ラジオを聞き、週刊誌やスポーツ新聞を読んで、追いかけるのです。

　そして、友人・知人に会って話したり、電話で話したり、手紙に思いと考えを書いて郵送、またはマスコミに投書します。

　マスコミに投書されたうち、いくつかは読者・視聴者の声として紹介されましたが、その数は圧倒的に少ないものでした。

▶『疑惑の銃弾』取材秘録

　当時の「週刊プレイボーイ」で、筆者が何をしていたか。その一部を拙著『若者のすべて　1980〜86「週刊プレイボーイ」風雲録』（講談社）より引用します。

　LAで三浦夫妻が何者かに銃撃されたという事件だ。
　マスコミは「売れれば正義。売れなければ悪」だ。WPB（注：「週刊プレイボーイ」のこと）を含めて他の週刊誌も追っかけて、

大騒ぎしていた。それこそマスコミの本懐(ほんかい)だった。

　WPBは、集英社LA支局を総動員して追っかけていた。

　その一環で、三浦和義氏が撃たれた銃弾を、テッド・新井氏が中心となってLA近くの砂漠で実弾を使って検証した。その動きに俺は僅かながらお手伝いした。

さらに筆者は、三浦氏の家まで電車で行き、取材していました。

そこは"マスコミ祭り"の様相を呈していました。

黒塗りのハイヤーがズラリと並んでいます。それらは新聞社、有名週刊誌の御用達(ごようたし)。その横には、テレビ各局の中継車が鈴なりの状態です。

何か動きがあると、記者たちは一斉に近くの数少ない赤電話（公衆電話）に走りました。

携帯なんか、ありません。

列を作って待ち、その間に原稿をメモ書きします。順番が来たら編集部に電話して、原稿を電話送稿（口頭で原稿を読み上げるわけです）していました。

そのうちに近所の民家が、電話やFAXを貸してくれたりするようにもなりましたが、黒塗りハイヤー組の中には、自動車電話が装備されていて、それをカッコよく使っていました。

現場で一番目立ったのは、梨元勝(なしもとまさる)レポーター（故人）でした。肩掛け式の移動電話を持って、レポートしていた姿を思い出します。

「さすが基本投資額が違う」と、他の記者たちは嫉妬と畏敬の念で

4章　ネット言論を動かす「3つのスタンダード」

眺めていました。

　後に「週刊プレイボーイ」の"後追い、悪乗り特集"は、「週刊文春」から、"ウンコジャーナリズム"と命名され、これで「週プレ」内部は盛り上がったものです。
　では、その"悪乗り、後追い"の究極特集をご紹介しましょう。

　　長身のスーツ姿の男が現れた。中村さん（注：編集者の中村信一郎氏）が、
　「あっ、どうも、こちらです」
　　と立ち上がって、中に招き入れた。
　「……」
　　俺は唖然とした。あの1984年、『疑惑の銃弾』で日本中を騒がせた張本人、三浦和義ご本人が、生きて編集部に来訪したのだ。

（前掲『若者のすべて』より）

本人がとにかく、週刊プレイボーイに来たのです。これは、翌週の巻頭特集となりました。
　タイトルは、「言葉にすればスキャンダルな半生だった。悩み傷つき生きる男たちのために、いま、アナーキー人生相談　三浦和義直伝」。
　ということで、開高健先生の『風に訊け』に並び、人生相談のページとなって結実したのです。

そりゃ、本家の「週刊文春」は怒りますね。当時は、マスコミ同士が「炎上」していたのです。
　そして後日、私が当時、担当していた作家の野坂昭如先生と三浦和義氏の対談特集を、担当させていただくことにもなるのです。
　とにかく「週刊プレイボーイ」は、この『疑惑の銃弾』のマスコミ炎上に便乗した形となりました。

▶マスコミが炎上した時代

　さらに、日本のマスコミの狂乱は進みます。
　三浦氏の行くところには、常にマスコミのカメラマンと記者を乗せたバイクまたは車が追跡していました。
　ネタはなくなり、逃走する三浦氏の乗った車が速度違反している証拠として、マスコミの乗る車の速度計が映った写真が掲載されたりしました。マスコミの車も速度違反をしているのですが……。
　さらに、当時の三浦夫人がソファーに着席している時に、下着の写ったパンチラ写真まで掲載されました。
　リテラシーも何もあったもんじゃありません。
　そしてついに、国民が期待した事態に至ります。
　それは1985年9月11日。筆者は当時、深夜ラジオ「オールナイトニッポン」の水曜担当パーソナリティを務めていました。9月11日は水曜日です。

　　午後11時20分を過ぎたあたりから、周囲が大騒ぎとなった。

スタジオの打ち合わせスペースから、報道局に行ってみた。
　三浦和義が逮捕されたのだ。
（中略）
「あっ、コミネ。どこに行っていたんだ？」
　と守谷Ｄ（注・ディレクター）。
「報道局で情報確認していました。週刊誌編集者でありますから」
「『オールナイト』は報道番組に切り替わるが、パーソナリティはお前のままでいく」

(前掲『若者のすべて』より)

　という経緯で、筆者は「三浦氏逮捕」の報道特番をラジオで担当することにもなったのです。
　こうして、警察に逮捕されたことによって国民の「社会正義」は発揮された形となり、『疑惑の銃弾』祭りは一段落しました。
　世論は、マスコミが国民を徹底的に煽ることで形作られたのです。
　それでは、「全員がジャーナリストとなった」21世紀——ウェブ、SNSのある現在は、どうなっているのでしょうか。

▶ネット炎上の定義と条件

　今は、ネット上での炎上を通じて、世論が形成されます。そこにマスコミは介在しません。

ならば、そのネット上の炎上を分析して、どのように世論がネット上で形成されるのか、考察しましょう。

　研究グループの落合陽一博士による「炎上の定義」に当てはめて、分析してみます。

　ネット上で炎上するためには、大前提があります。

＊大前提──「議論可能」

　その対象が議論可能であること。X_aを発信できるaが、SNSに自分の発言を投稿できないと、参加はできません。

　さらに、さまざまな人々がそのSNSに参加することで、議論または騒ぎが始まります。

　その議論を可能にするためには、以下の3条件をクリアしなければなりません。

＊第1条件──「前提知識」

「議題」に対して議論できるだけの前提知識がないと、参加できません。議論の中で反応も発言もできず、傍観する以外になくなります。

　例えば「アップログ」ケース。ソフトウェアに隠されたトラップ(スパイウェア)を見抜くには、専門知識が必要です。その知識を持ち合わせなければ、単なる傍観者で終わります。

　しかし、専門知識のある誰かがトラップを見抜けば、その後は知識なしで「これは悪いことだ」と分かり、議論の輪に加わることが

できるようになります。

　専門知識は突破口を開くために必要です。しかし、突破できた後は、善悪を判断する能力さえ持っていれば議論が可能となるわけです。

＊第2条件──「操作可能」

　ネット上の議論に提出されている「情報」を、自らの手で操作可能であること。

　マスコミでは、雑誌に掲載されるまで情報がボツになったり、改変を要求されたりします。そこに「編集」という知的行為が介在します。ところがネットでは、すべて発信者一人の意思で"掲載"を決められます。

　このとき「情報」が変質＝《Informing》する余地が生まれるのです。

　どのように「情報の変質・変容」が発生するのか。それは元の情報 X_a に対して、「賛成」「反対」「好き」「嫌い」「面白い」「面白くない」というエモーショナルな反応から、情報の「加工」すなわち操作が始まったときです。

「賛成」ならば、さらに賛成意見が増えるように操作する。

「反対」するならば、その情報発信者の欠点やスキャンダルなどを書き込んで、より反対するように仕向ける。

「嫌い」ならば、こいつは金持ちだ、韓流贔屓だなどと、「嫌」に火を点けるような情報を書き加える。

「面白い」のなら、とにかく、どう面白かったかを書き足す。この

場合、建設的な議論を促すよりも、不毛な論争に発展するのを期待して「情報」をどんどんと書き足します。そのほうが「面白い」からです。

こうした操作可能のプロセスは、ネット炎上のための「燃料」を製造する工場となっているのです。

ここで炎上に必要な燃料が継続的に供給されると、言うまでもなく炎上は続きます。

プラスに触れた場合は、ネット世論は「ヒット」。好意的な考えと意見に満たされて、商品は売れ続け、映画ならば観客動員数がさらに増えます。お分かりのように、マーケティングにおける「ロングテイル」となります。

マイナスに振れた場合は、炎上です。これが「世論」となり得るのです。

炎上した原因に対して、何らかの是正を求めたり、不正を糾弾したりするのが「世論」です。実は、「議論」が「世論」に昇華するためには、次の条件が必要となります。

*第3条件──「集団のサイズ」

前提知識があり、参加できて、操作が可能なために《Informing》＝変質された情報が、集団に投射されます。

炎上が、どこまで広がるかは、この参加する集団のサイズで決まります。

サイズの大きさが、議論を世論たらしめるかを決めるのです。

集団が小さければ、その X_n は、やがて X_n の n ＝人間の数がゼロとなって終息します。

　しかし例外として、少人数の集団であっても、その頭脳レベルがきわめて高い場合、X_n は良質転化されます。何が問題かが明確化されて、建設的な意見となり、発信元は方針や方向の転換を迫られるわけです。これが発信元にマイナス、受け手にプラスとなる結果をもたらします。

　一方、X_n がマイナスの炎上曲線を描き始め、そこに３つのスタンダード、すなわち「金」「性欲」「社会正義」が関わってくると、集団のサイズは大きくなって、単純炎上は大炎上に変貌します。ここで「世論」が大きく形成されることになります。

　最後は国家権力をも動かします。その速度は、SNS登場以前の20世紀よりも、すさまじい加速ぶりを示します。

　何しろ「全員がジャーナリスト」なので、加速度はマスコミが世論を誘導していた時代と圧倒的な差がついています。

　視聴者、読者が、見たり聞いたり、読んだりする「マスコミの祭り」ではなく、「全員参加の祭り」です。その結果、現代の「世論」が創生されるのです。

【コラム】

研究グループはこうして誕生した

逸村　裕

　世代的に20代3人と50代2人というこの研究グループが、なぜできあがったのかを振り返ってみます。

　ことの発端は、2009年11月の小峯隆生と逸村裕の会話から始まります。小峯と逸村は大学生当時、「シェークスピア劇」をやっていました。その同窓会が東京赤坂で開かれました。その席上、「教授、なんか仕事のネタありませんか？　俺、雑誌やメディアのことならいろいろ話せますぜ」と小峯が逸村に訴えたのでした。

　それからしばらくして2010年3月、当時、逸村が所属していた筑波大学知的コミュニティ基盤研究センターにおいて「現代出版研究の視座：情報メディアの電子化と出版流通の変容」と題された公開シンポジウムが開かれることになりました。講演には東京大学教授と学術出版編集局長が決まり、あと一人誰かということになりました。そこに小峯隆生をぶつけてみようと逸村は思いついたのでした。

　大学ですから、新たな人に何かをやってもらうには会議を開いて了承を得る必要があります。「小峯隆生さんという雑誌編集者、ジャーナリスト、小説家、エンターテイナーとして長くメディアに関わって来た方がいます。この方ならシンポジウムに見合った話をしてくれるかと思います」と逸村は会議に提案したのでした。すると40代の准教授が「小峯さん、呼べるんですか!?　それは是非。いいですよ、あの方は！」と強く賛同してくれました。これで決まり。この准教授、かつて小峯がやっていた「オールナイトニッポン」のファンだったとのこと。「今の小峯さんの話を聴き

たい！」と、目を輝かせて語っていました。

　当日、小峯隆生は錚々たる面子(メンツ)を相手にインパクトのあるプレゼンテーションを行ない、好評を得ました。そのシンポジウムの直前、慎重居士の小峯は逸村に言ったのでした。
「教授、俺、大学の雰囲気分からないんで、シンポジウム前に学生と一緒に昼飯食ったりできませんか？」

　そこで、4名ほどの学生を手配しました。その中に当時、学部2年生であった落合陽一くんがいたのでした。

　落合陽一は、筑波大学情報学群情報メディア情報メディア創成学類に2007年4月に入学しました。2008年前期、逸村は大学院生向けの授業「サイエンスコミュニケーションのためのコンテンツ試作」の授業を行なっていました。これに学部2年生として受講したいと申し出てきたのが落合陽一でした。「大学院向けなんだけどな〜、生意気な奴だな。ま、やる気とコンテンツがあるんならいいか」と受け入れることにしました。当時、落合陽一が持ち込んだコンテンツは「Flash等を利用した視点を動かせるタイプのコンテンツとProcessing等の環境を利用した自動生成的なコンテンツそして白神山地のブナ林、周辺の農村の写真」でした。他の院生とも組み、2年にわたってこの演習授業は続きました。2009年7月には北海道大学へも遠征し、腕を磨きました。

　そんな彼でしたので、小峯の要求する学生のイメージに合うかな、と連れて行ったわけです。

　昼食の際、たまたま小峯の正面に座った落合陽一。小峯はいろいろ落合陽一をいじっていました。

　昼食を終え、大学に向かう途中、私は小峯にこう告げました。

「落合陽一くんの父親は六本木に住んでいる高名な作家なんだぜ」

「六本木、落合……もしかして」

「そう、落合信彦さんが陽一くんの父親」

「げげー。それはまずい！　落合信彦先生にはほんとにお世話になったンすよ〜。まずいまずい」。一瞬にして、顔面蒼白になった小峯隆生でした。

　善甫啓一は別の流れになります。2010年から逸村は「異分野コミュニケーションのためのプレゼンテーションバトル」という授業を大学院生向けに展開していました。これは同僚の三波千穂美先生と共に立ち上げたものでした。

　2011年5月、Tsukuba Graduate Network（TGN）という学生団体から声がかかりました。

「11月の雙峰祭（筑波大学の学園祭）で大学院生のプレゼンテーションチャンピオンを決める『院生プレゼンバトル』を行なおうと考えています。協力いただけませんか」。もちろん快諾し、当時の波多野澄雄筑波大学附属図書館館長を紹介したりしました。その挨拶の際に善甫啓一は派手なTシャツ、ジーンズ、そして黄緑色のクロックスで現われたのでした。学内外での数多くのプロジェクトを実行し、筑波大学大学院システム情報工学研究科で博士号を取得後、産業技術総合研究所、そして2014年3月、筑波大学システム情報系知能機能工学域助教に着任したのでした。

　池田光雪は2007年に筑波大学情報学群知識情報・図書館学類入学。当時、私は彼のクラス担任でした。入学早々、「個人面談をしたい」と申し入れがあり、池田光雪から大学に対する想いを熱く語られました。

　2010年、小峯隆生が言い出しました「筑波の学生と研究会をやりたい。

俺、ネタがあるのでそれを学生の皆さんに提示して議論したい」。その呼びかけに応じたのが池田光雪でした。小峯研究会案内を出したところ、池田光雪が参加してくれました。この研究会は2年続き、一定の成果をあげました。その流れで池田光雪も「コミネターク」研究プロジェクトに加わってくれました。

　池田光雪はその後筑波大学大学院図書館情報メディア研究科に進学し、現在は博士後期課程院生です。インターネット中継を得意とし、研究活動のかたわら国立情報学研究所オープンハウスや図書館総合展などのさまざまなイベントの中継、WebラジオKlis Radioの制作（http://klis.tsukuba.ac.jp/lc/category/podcast）などを行なってきました。大学の授業ではTeaching Fellow（教員補佐）として学生教育に当たっています。

　今春、ネットニュースで「筑波大学の学生がYahoo!知恵袋で、大学の必修授業で出された演習課題を質問したところ、出題者が回答者として降臨。『ベストアンサー』を獲得するという"事件"があった」（WebR25）と話題になりました。その「回答者として降臨した出題者」こそ、池田光雪その人です。「『大辞林』1冊は何バイト分か」という課題に、学生がYahoo!知恵袋で助言を求めました。すると出題者である池田光雪自身が登場し、アドバイスと同時に、学生を傷つけないように大学の課題を行なうにあたって「知恵袋」を使うことについても言及したのです。これがベストアンサーを獲得し、「これこそ神指導」と賞賛されたのでした。

　思い起こせば、いろんな偶然が重なり、不思議な混成グループができあがったのです。

5章

新しい"祭り"の時代

▶「炎上」と「拡散」を解析して見えてくる日本

　もう一度、観測された曲線の各パターンにおける特徴を説明します。

　＊上昇して下降する
《どんどん橋、落ちた》曲線です。
　＋（プラス）と思って発信したX_aが、受け手のX_bがスタンダードとする「金」「性欲」「社会正義」の３つのファクターによって、プラスもしくはマイナスに転換されます。
　そしてマイナス転換の数がプラスの追随よりも多くなった瞬間、X_n曲線は上昇するのを止め、下がり始めます。
　炎上です。
　その先、値±０（ゼロ）を過ぎて降下してゆくと、永遠にプラスに戻りません。すなわちプラスは葬り去られ、打ち消されるのです。
　炎上は続きます。

　＊上昇を続ける
《アップドラゴン＝昇竜》曲線と名付けたX_n曲線は、ゼロからスタートして、永遠にゼロになることなく、上昇し続けます。
　「心」と「感動」がキーポイントです。
　これは一般的に「ヒット」とされる現象です。

＊下降を続ける

前記とは真逆に、ゼロからスタートして一度もプラスになることなく、下降し続ける曲線。単純炎上のケースです。

《ダウンヒル＝直滑降》曲線とネーミングしました。

プラスを狙った初弾の X_a が、社会正義的、社会常識的にアウトだと、この曲線を描きます。

X_a は、X_b によって叩きのめされ、社会的制裁を受けます。第一発信者の勤務先が、役所や会社など組織ならば左遷されるでしょう。悪質な場合は、犯罪者として警察に逮捕されます。

＊下降して上昇する

その形から《ホッケースティック》曲線と名付けたパターンです。

炎上への初期対処がうまく運び、消火に成功。下降曲線を落ち着かせ、そして異なる燃料投下で、ふたたびプラスの上昇曲線となります。

以上、曲線の特徴を解析してみましたが、ジャーナリストとして痛切に感じるのは、前章で述べたようにSNSは、マスコミの持つ報道速度よりも、はるかに速い速度で事態が展開し、結論に向かって突っ走るということです。

さらに、この研究では新たな発見がありました。

X_n 上には、日本の社会構造が著しく表出されている、という

ことです。

それは次の2点です。

＊第1点──「空気を読む」

「ＫＹ」（空気読め）が一時の流行語になったように、日本人は全員が、天才的に「空気を読む」才能を、生まれながらにして持っています。

個人の考え、意見、好き、嫌いの感情。それらを露わにするよりも、集団としての「その場にある空気」を読むことを優先します。そして、その空気を読んだ結果で次の行動を決定します。

これは、四方を海に囲まれた島国特有の、生きて行くための知恵であり、生存技術なのでしょう。共同体の中で空気を読まず、「水を差す」ような真似をすれば、追放されます。

空気を読んで、無駄な摩擦を避けるのです。

個人の意思を言葉に出し、討論から口論に発展すれば、対人関係で角が立ちます。共同体には波風を立たせます。そうならないように、場の空気を読んで、禍根を残さないようにしてきたのが日本人です。

しかし、現代のネット上では状況がまるで異なります。

場の空気など関係ありません。匿名性（であると信じるが）ゆえに意思や感情をむき出しにできます。だから本書では、X_nを引用する中で、「空気を読む」発言者のことを「賢者」と表記してきました。

ところが、賢者か愚者かは別にして、「空気」を読んだうえで、

あえて意図的に鋭利に角を立たせ、波風を起こす者も少なからず存在します。すると波風は大きく、激しくなり、摩擦を生じさせて、火を熾(おこ)します。炎上が始まります。その火は煙を立ち上らせて、さらに人を集め、炎上を大きくしようとします。

そこでは、本項で指摘したい２点目である、次の社会構造が出現するのです。

＊第２点──「縦社会」（タテ社会）

よくご存知の日本の社会構造──縦社会です。このことは、ネット上の論争に顕著に表われています。

ネット上の縦社会には、特有で独特の感があります。それは「空気を読ん」だ結果、形成されるものです。

ネット空間で縦社会が形成されるには、次の３つのファクターが必要です。

① 「どちらが、頭がいいか」
② 「どっちが、金持ちか」
③ 「どっちが、女に（男に）モテるか」

これら三つを尺度にして「空気」を読み、縦社会が形成されます。
それぞれについて説明しましょう。

＊「どちらが、頭がいいか」

「アイスマン」のケースです。このとき X_b が攻撃を開始するにあたって、対象者（高校生）は確実に悪いことをしています。ですから炎上のスタンダードのうち「社会正義」はクリアです。

そこで「頭がいい、悪い」の尺度に移行します。

日本古来の縦社会は、身分や長幼の序で上に立つ者が、目上の人間として目下の人間を叱咤激励します。

ところが今のSNS社会では、少し違います。まず「自分が上に立つ者なのか」と、縦軸での確認をするのです。「アイスマン」ケースではその確認のために「偏差値」が持ち出されました。学業成績（テストの点数結果）に基づく数値で上下関係を決めようというのです。

「アイスマン」が通う高校の偏差値が、さほど高くないことが判明すると同時に、猛烈な速度で「縦社会」が形成され始めました。

「こいつ、マジで俺より馬鹿」
「頭悪いじゃん、こいつ」
「俺より、チョー（超）アホ」

投稿者よりも攻撃対象予定者の偏差値が低いという「縦社会」が作られた瞬間、水が高い所から低い所に流れるように、攻撃が開始されます。この攻撃は叱咤激励と呼べません。

投稿者たちが、「ウェブ縦社会」で上位に立てたのです。もう徹

底的に以下のような発言が続きます。
「お前、馬鹿だろ」
「バカは引っ込んでろよ」

「頭がいい、悪い」で関係性が決まるウェブ縦社会では、当たり前ですが「頭がいい」側に立てた者が上の階級に属することになります。そこから、下の階級である「バカ」に対しての攻撃が開始されます。
「頭のいい俺（私）が、馬鹿を叱って、やっつける」という、歪んだ縦社会です。縦社会ですから、上からいろいろな物が落ちてきます。

　礼儀正しく、物静かな日本人も、ウェブ縦社会では上に立った瞬間、豹変します。自らが「お上」になったわけですから、徹底的に上から目線で、権力者的に、「下」をボコボコにします。
「頭がいいか、悪いか」は、自己判断できるので、簡単です。だから、頭のいいほうが大勢登場して、少数派で悪いことをした頭の悪い人が負けるのです。

＊「どっちが、金持ちか」
　次のファクターがこれ、「俺（私）とあいつのどちらが金持ちか」です。ウェブ縦社会を形成するには、この確認がなされます。
　金持ちが上位に来そうですが、ここでは来ません。金持ちは、ウェブ縦社会では下に来ます。
　ゆえに金持ちのほうが徹底的に叩かれます。

「すべては平等である」という、憲法に保障された平等精神が反映されます。持つ者と持たざる者の不平等。ここでは「金持ちでない人々」が上に立ち、金持ちを叩くのです。

　勧善懲悪ならぬ"勧貧懲金"です。参加者全員が金持ちでなくなれば、「平等」は達成されますが、そうした状況はなかなか生まれません。ネット上の縦社会では、貧しいほうの勝ちとなります。

　＊「どっちが、モテるか」
　俺（私）とあいつ、異性にどっちがモテるか？　もちろん、リアルワールド（現実社会）では、異性にモテたほうがいいに決まっています。
　しかし、ウェブ縦社会では違います。
「モテるほう」が下なのです。「モテないほう」が上から「モテているほう」を徹底的に叩きます。

　こうして分析すると、「頭がいいか、悪いか」以外は「すべての人間は平等でなければならない」の意識からウェブ縦社会が作られることが分かるでしょう。
　従来の日本論で言われてきた縦社会は、年長者や階級の上位者の存在を「目上」と敬い、その目上の者は目下を尊重し、叱咤激励する構造でした。でもウェブ縦社会は、この構造を変革したのです。

5章　新しい"祭り"の時代

▶ウェブ炎上は、日本の新しい祭り

　数万件のデータを読み進め、解析する中で、頻出する日本語が「祭り」（もしくは「祭」）です。特に単純炎上ケースの《ダウンヒル＝直滑降》曲線に顕著でした。

>331　なんだ、祭か
>855　特定されちゃったのか　ここんとこ中途半端な祭りが続いたがこれは勢い出そうだな

（「エリート」ケース／傍点は引用者。以下同）

>885　JOY懐かしいですな　あれだけ次から次へと燃料そそぐ祭も滅多にないですからな
>1075　やっぱりTwitterとlineはクズしかいないな　この件は、しっかり冷凍庫の交換費用や営業妨害で損害賠償を請求するべき　あとはおまいらが本名と顔、住所を特定して、ちょっと早い夏祭りを盛り上げてくれ
>1621　あーあ捕まっちまうのかー　昨日一昨日と本人らしきのとか無理矢理な擁護が湧いて楽しめたけど　祭りも終わりかぁ〜

（「アイスマン」ケース）

　ネット上で炎上が始まると、人々が集まってきます。炎の明かりに、夜ならば虫が、火事ならば野次馬が群れ集うように。炎は人を惹きつける霊力のようなものを宿しているようです。

オロチョン（北海道）、勝山左義長（福井）、五山送り火（京都）、二月堂お水取り（奈良）、鬼夜（福岡）……全国各地で火祭りが行なわれています。

　もちろん、ネット上の炎上には、光や熱を発する炎は存在しません。しかし「炎上」は、新しい日本の祭りの形態なのです。

　かつての日本の祭り——辛く寒い冬を越え、桜が満開になった頃、季節が巡り春を迎えて、喜びの春の祭りが催されました。

　そして田植え祭。新しい糧を得るため、未来に向かって希望に満ち溢れる祭りです。田植えには多数の労働力が必要だったので、多くの人々が祭りに集いました。

　そして、夏。作物の生長を祈りながら、お盆という先祖供養の行事が行なわれました。人々は盆踊りに集い、川に灯籠を流して先祖の霊を弔い、未来の繁栄を祈念しました。

　そして、秋。収穫祭です。植えた作物が実ると、豊作を大地に感謝し、喜びの秋祭りを催します。

　そして、冬。「冬」の語源は「増ゆ」（増える）だとする説があります。大地を錫杖で叩き、悪霊を退散させて、「増えよ」と来秋の豊作を祈るのが冬祭りです。

▶4人に1人が「炎上の火」を大きくしたがっている

　日本の四季を通じて、民族の営為である祭りには「感謝する」「敬う」「喜ぶ」「分かち合う」という願いが込められていました。

　しかし、ネット上の「祭り」は違います。このことについて、考

5章　新しい"祭り"の時代

察してみましょう。

「アップログ」ケースを参照します。このケースでは、プラスとマイナスが入り乱れる白熱した議論がありました。

　作り出されたソフトに仕組まれたデジタルトラップ。それに対して個の知は集結し、集団の知となり、仕組まれた罠を見事に炙り出しました。

　しかしこの「アップログ」ケースは、"ネット祭り"（ウェブ祭り）の中では、つまらない部類に入ります。炎上のスタンダードである「社会正義」として、小粒に映るからです。何よりも、解明への過程が専門的すぎました。そのため騒ぎが小さかったのです。

　このケースに比べ、「スタディギフト」ケースでは議論が白熱しました。
「学費に困窮する学生」として最初に選ばれた、クラウドファンディングによる支援対象者（女子大生）が、果たして支援に相応しいのか、相応しくないのかで議論がスタートします。

　そして、この祭りは盛り上がりました。スタンダードの「金」と「性欲」にヒットしたからです。
「可愛くて、金を俺（私）より持っていそうな女の子。この女の子が『スタディギフト』の主催者と『デキでいるのではないか？』の疑念付き」です。

　祭りが盛り上がるのも当然です。

独立行政法人情報処理推進機構（ＩＰＡ）のネット利用者の意識調査によると、ネットユーザーの4人に1人が、スマホやタブレットからTwitterなどに「悪意の投稿」をしています（2015年2月公表）。

　打率2割5分。かなりの水準で、ネットに燃料と火が投下され続けていることが分かります。「祭り」に参加する人々のうち、4分の1は火を大きくしたいのです。

「エリート」ケースでは、「社会正義」というスタンダードに火が点きました。そして、ウェブ縦社会の「悪いことをした奴を懲らしめる」機能が炸裂します。祭りが始まります。

　ネット祭りで最大の"出しもの"は「本人特定」です。本人の氏名や職業、住所などが特定され、晒されるほど、「社会正義」が暴力となって当事者に襲いかかります。

　相手はお上のお役人様、民の怒りは本物です。ウェブ縦社会ではその「お上」を「下」に置き、徹底的に叩きます。実社会で手の出せないキャリア官僚を叩けるのです。

　これは盛り上がります。

　実社会でこれに近い形態は、宗教的儀式なら、神に生贄を捧げる「人身御供」でしょう。ただしこの場合、生贄が「悪いことをした奴」であるとは限りません。

　非宗教行事としては、独裁者による粛清やグループ内でのリンチがあります。かつて（1972年）日本で、新左翼組織の連合赤軍が「総括」と称して12人のメンバーを殺害する事件が起きました。

　いずれにしても死に至ります。

ネット炎上でも、対象者を自殺に追い込むことが一つの目標になるのですから、「祭り」の類似性を感じずにいられません。

　やはり祭りとなった「アイスマン」ケースでも、「社会正義」（悪いことをしたのは誰だ、そいつを懲らしめろ）が火を点けて炎上しました。ウェブ縦社会において、「偏差値が低い＝頭が悪い」と位置づけがなされたうえで、最大の出しもの「本人特定」で盛り上がったのです。

　いずれ、祭りの終わりが訪れます。「ネット炎上祭」では、祭りの終盤にフォロワー数が増えるのが特徴です。交通事故の見物渋滞のように、人々は「何が起きたのか、どうなったのか」を知りたがるのですね。

　経済産業省のエリート官僚は左遷され、コンビニの高校生は警察に逮捕、「スタディギフト」は頓挫し、「アップログ」は会社ごと消えてなくなりました（2012年4月2日、会社を解散）。

　祭りは終わり、人々は次の祭りを求めて、移動を開始します。

▶無料だから盛り上がる

　ネット上の祭りが盛り上がるファクターが、もう一つあります。それは「０円炎上」です。「ゼロ炎上」とでも呼びましょうか。参加費ゼロ円、追加費用なし。「０円」で楽しめる"遊び"でなければ、炎上はしません。

　ネットに接続して経過を見る（読む）のは、もちろんタダ。投稿

して、さらに炎上させるのもタダです。

　何しろ、眼前で、4億円を投資したプロジェクトがダメになり、一流大学の女子大生が嬲（なぶ）られ、高校生が逮捕され、お役人様が左遷されるのです。これがゼロ円で楽しめるのですから、人々が集うのも無理はありません。

　わざわざ出かけることなく、自宅またはスマホで、どこにいてもサディスティックな娯楽を無料で楽しめます。そして参加する自分は、まったくの無傷、損失なしで終演を迎えることができます。

　この「ゼロ炎上祭」を逆手にとり、見事に「炎上アナウンス」をやってのけたのが「サイバーエージェント」ケースです。

　このケースでは、炎上の素となる「大元（おおもと）」の地点で、受け手＝X_bを見事に「仕分け」しました。

　どのようにして仕分けたのか？　それは大元の情報を、買う／買わないで仕分けたのです。

　この炎上の大元となった、サイバーエージェント・藤田晋社長のコラムは、新聞の有料サイトなので、読むにはお金がかかります。しかし「ゼロ円炎上祭」の参加者たちは、お金を払いません。

　対価を払って「炎上の素」を知った人々は、やがて納得して、祭りから離脱します。一方、「ゼロ炎上」の参加者たちは、炎上の発端が分からないので、右往左往します。新たな挑戦者が現われても、やはり炎上の大元が分からないため、盛り上がりません。

　炎上祭は終息してゆきます。

ある雑誌媒体で、興味深いケースを見つけました。

記事内容を知らせる新聞広告とウェブサイト上の予告で、徹底的にネット民を叩き、煽る言葉を並べたのです。

当然、炎上しました。

しかし、実際にその雑誌を買ってページを開くと、ネット民を褒(ほ)めたたえる対談記事が掲載されていました。予告とは真逆の内容です。

それでも、炎上祭は止まりません。「０円炎上」ですから、対価の伴う情報（この場合は、雑誌に掲載された対談）には言及しないのですね。

「買って読んでみたけど、そんなに酷い内容ではなかったよ」というコメントは圧倒的に少数で、吹き飛ばされます。お金を払った者のコメントで「祭り」が終わるのは、言語道断だからです。フリーライダーたちの集う祭りが、「ゼロ炎上祭」なのです。

「サイバーエージェント」ケースでは、見事にこの有料と無料の国境線を使いました。自分の言いたいことだけをアナウンスし、炎上させ、拡散させています。

▶「マスコミよりも早い」ことが大切

炎上が続き、拡大するためには「燃料」が必要です。その燃料は第一信の発信者 X_a 自らが投下することもあれば、情報の受け手である X_b たちが投下することもあります。ただし、炎上域が広がるにはメディアによる報道が必要になってきます。

炎上がウェブニュースなどに掲載されれば、それが引用されて騒ぎが大きくなります。そして既存の新聞、雑誌、テレビなどマスコミが報じると、さらに炎上域は拡大します。かつて「週刊プレイボーイ」が『疑惑の銃弾』で後追いしたように、二次報道、三次報道と続報が続くほど、一つのトピックは巨大化するわけです。
　ただしネット空間では、騒ぎの拡大より重要な価値観が存在します。それは、
「俺たちはニュースよりも早く、祭りに参加している」
　ということ。すなわち祭り参加者の間で重要なのは、「マスコミよりも早い」ことなのです。
　CNNワールドワイドのジェフ・ズッカー社長は「今は全員がジャーナリストだ」と言いましたが、マスコミの報道よりも早く情報を発信／受信／再送信した炎上祭の参加者は、「後追い」するプロのジャーナリストに勝ったことになります。

　SNSには次の名台詞（めいせりふ）が散見されます。
「なぜ、マスゴミは報道しないのか」
「マスコミ」ではありません。「マスゴミ」です。そこにあるのは怒りとともに、情報発信できる自分とひきかえに、報道しないマスコミへの勝利宣言です。
　もちろん、個人は自分一人の判断で情報発信できますが、「マスゴミ」と呼ばれるマスコミは、複数の合議によって情報発信する／しないが決まります。
　もし、マスコミが「なぜ報道しないのか」との質問に答えること

があるならば、「会議の結果、報道しないことになりました」となるのでしょうが、そんな返答は見たことがありません。仮に答えたとしても、それをきっかけに炎上するでしょう。

しかし、この報道する／しないをめぐるマスコミへの怒りのコメントは最近、少なくなりました。それはSNS発のニュースが多くなったからです。マスコミは常にSNSをチェックして、ニュースのネタになる情報を探しています。

「全員がジャーナリスト」ですから、ありとあらゆる情報が発信されています。今、ニュースの最初の発信元はネットなのです。

ところが、誰でもジャーナリストになり得る時代、不用意に情報発信して、人生のすべてを失うような人々が続出しています。

古代の人類が手に入れた「火」と同じ、SNSという道具は、使いこなすためのスキルが必要です。

火を不用意に扱うと、火傷します。へたすると、焼死します。

それと同じで、SNSも「火」ですから、使い方を学ばないと、火傷または焼死します。

単純に言えば、SNS使用者全員に、「ジャーナリストになるための訓練」をしたほうがよいかもしれません。

それができなければ、個々が「ジャーナリスト」としての自覚を持つべきでしょう。自分たちが手にしているのは「火」であり、自己も他者も火炙りにできるのだ、ということを自覚しなければなりません。

匿名を前提とするSNS世界ですが、ケーススタディを見ても分

かるとおり、本人特定でプライバシーを暴き立てるのは非常に容易です。だからSNSは、匿名空間ではないのです。

▶対論──SNS登場以前と以後のメディア論

　ここから本書の結びとして、研究チームの逸村裕教授と筆者・小峯の対論を掲載します。

　主題は「SNS登場以前と以後のメディア論」。インターネットが一般化する1990年代までは、「メディア」と言えば「マスメディア」（本文中では便宜上『マスコミ』とも表記しました）を指しました。情報を広く大衆に伝達する新聞、テレビ、雑誌などのことです。

　それらマスメディアの機能や社会的位置、問題点、未来像などを論じたのが「メディア論」です。カナダ人のマーシャル・マクルーハンによる著作がメディア論の古典として有名です。

　では、筆者が逸村教授に質問する形式で、対論を始めましょう。

＊

小峯　メディア論、メディア論と言いますが、あくまでも「論」であって、「メディア学」ではないですね。学問として成り立っていないのですか。

逸村　たしかに「メディア学」とは呼びません。「経営学」は成り立ちますが、「マーケティング学」は成り立たない。それと同じで、体系化できないからではないかと思います。

　メディアとは何か？　と問われたとき、その答えは各人各様でか

まわない。自分の理解を述べれば、それでいいと思います。ある意味、日本語になってない言葉が「メディア」なのです。

小峯 新聞社でもテレビ局でも、また私のように出版社で雑誌の仕事をしていても、中にいる人たちは「俺たちはマスメディアの人間だ」とは言わないですね。「マスコミの仕事をしている」とは言いますが。

逸村「マスコミ」は「マス・コミニュケーション」の略語ですね。「マスメディア」と「マスコミ」では、明らかに受け止め方は異なります。

これは私の大学時代の思い出なのですが、「コミュニケーション」についての授業があり、担当の非常勤講師が開口一番、こう言いました。

「今から授業を始める。一応、コミュニケーションに関して語るのがこの授業。そのコミュニケーションには、4つの形態がある。

1対1、これは普通の会話。

1対多は、このような授業。

多対多、これは単なる怒鳴り合い。

多対1、これは吊るし上げ。

そして、コミュニケーションで成り立つのは、1対1だけ。

それでは、授業を始める」

私は、非常勤講師は「1対多である授業は何のことはない」というのを最初に宣言しているのかなと思いました。

小峯 LINEは1対1だから、普通の会話のようなコミュニケーションが成立します。するとSNS上の炎上は、多対1だから吊るし上

げとなる。これは炎上ではないですか！　逸村教授の学生時代ということは70年代でしょう。SNSのない時代ですが、大学で語られるコミュニケーションの定義が、そのまま今に当てはまる。これは面白い！

逸村　面白いでしょう。

　アメリカの作家で歴史学者のダニエル・ブーアスティンが著わした『幻影の時代』('*The Image: A Guide to Pseudo-events in America*', by Daniel Joseph Boorstin,1962）に、こんな話が出ています。

　あるホテルが、自分たちのことを宣伝するのに、部屋を改装してグレードアップするとか、料理人の腕を上げるといったホテルの質を改善するのではなく、有名人を招いてパーティを開いた。そのイベントをネタにして新聞に売った。

　今で言う"ステルス・マーケティング"に近いですね。1950～60年代のアメリカの黄金期に、このようなことが行なわれていた。当時のアメリカのマスコミ状況ですが、全国紙はなく、テレビも全国ネットではありませんから、すべては町の単位で動きます。

小峯　つまりホテルが町で一番になるためには、その町の有名人を招いてパーティを開き、それを新聞が掲載すればいい。「有名人がパーティを開いた」という情報を、地元の新聞を介して発信すれば、すぐに町一番のホテルになれたわけですね。

逸村　そうです。今の日本で言えば、Twitterが結局、東京中心にやっていくのと似ています。

▶マクルーハンを読む

小峯 ところで、昨年（2014年）は、マクルーハンの『人間拡張の原理』（'*Understanding Media: the Extensions of Man*' by Herbert Marshall McLuhan,1964）原書刊行50年ということで、書店でもマクルーハン・コーナーが設けられたりしました。やはり、マクルーハンは必読の古典なのですか？

逸村 私が大学生の時の1970年代が、第二次のブームでした。『マクルーハンの世界』（竹村健一訳、講談社）が1967年に出て、日本でもマクルーハンが注目されるようになったのです。私はマクルーハンは文学者だと考えています。マクルーハンの『グーテンベルクの銀河系』を原語で読むと分かりますが、シェークスピアの『リア王』が、しつこく出てくる。そして多くの文学作品を引いています。だからマクルーハンは、やはり英文学者なのです。

そして『人間拡張の原理』では、1950〜60年代のテレビ、ラジオ、電話について、さらにマクルーハンの個人的好みであるジャズについて、これらを混合したうえで、文化や文明を論じています。例えば、電話というものは、遠隔地にいる人間とダイレクトに話ができるメディアであり、人間の耳と声を拡張した、と。

小峯 1対1のコミュニケーションから、メディア論に発展していったわけですか。

逸村 そうです。彼の言葉で有名な「メディアはメッセージである」は、文学的に上手な表現を使ったので、どのようにも解釈がで

きます。さすが、文学者だと思います。

また、「メディアはマッサージである」という言葉も有名ですが、これは明らかに語呂合わせでしょう。人間は新しいメディアを覚えると嬉しくなるのではないか——新しいメディアが、マッサージするよう社会をもみほぐす、といった趣旨と解釈できます。

マクルーハンに先行するメディア論の学者に、同じカナダ人のハロルド・イニスがいます。マクルーハンは彼の言葉を咀嚼して上手に表現しています。

さまざまな話材を上手に組み立てて、言っているのがマクルーハンです。だから、「メディアはマッサージである」「メディアは、メッセージに関しての入れ物が大事なのだ」と言い切ることができた。

また「同じシェークスピアでも、本で読むのと、舞台で見る、他人が朗読するのを聞くのでは、全然違う」とも言い切った。

こうして断言したことが、ある意味、画期的だったのです。

よく引き合いに出される「グローバル・ビレッジ」。『グーテンベルクの銀河系』に出てくる有名な言葉ですが、「電気通信技術によって、地球は一つの村になった」という言い方をしています。これを、現代のインターネット社会の到来を予見した言葉だと捉える向きがありますが、マクルーハンは通信の双方向性を考えていない。だから、インターネットなどは想定していません。

小峯　受け手の解釈に多様性を認めたところがマクルーハンの偉さなのですね。

逸村　シェークスピアも、いろいろな解釈のできるところが良いの

と同じです。

「受け止める側の問題だから、文脈はどうでもいい」と、マクルーハンは言いました。

今のTwitterは、リツイートで簡単に情報を拡散できますが、文脈から外れていきます。こうした状況は、マクルーハンの想定外でしょう。

▶デジタルで物語も変わるのか

小峯 にわか勉強ですが、ジャネット・マレー著『デジタル・ストーリーテリング』('*Hamlet on the Holodeck*', by Janet Horowitz Murray,1998) という本があります。「デジタル・ストーリーテリング」とは、文字どおり「デジタルツールを用いた表現」のことですね。デジタル技術は「表現」をどのように変えたのですか。

逸村 この本は、コンピュータがナラティブ（物語）の表現形式を変える可能性について、論じています。しかし不幸なことに、著者のマレーは執筆当時、まだGoogleを知らず、Wikipediaも社会の前面に登場していませんでした。だから、非常に中途半端な書き方になっています。デジタル技術の急速な進化に、執筆が追いつかなかった

2015年現在の私の解釈ですが、人間はやはり、アナログです。受け止められるものは受け止められるが、受け止められないものは受け止められない。

ナラティブ（物語）を理解するのに、CG、3次元ディスプレイ、

ヘッドマウントディスプレイで変わってきているのか。それは個人個人で受け止め方が違うと思います。

小峯　結局、どんな手段で読んだり見たり、聞いたりしても、受け止める人間はアナログ感覚で、物語に対する面白い／つまらないを評価する。

逸村　映画監督に聞いてみたいですね。

小峯　では、日本映画監督協会の会員である映画監督の自分が、その一人として答えましょう。

　米海軍空母搭載機であるFA18ホーネット戦闘攻撃機のパイロットが使うJHMCS Ⅱ（統合ヘルメット装着式目標指定システム）を例に挙げます。

　これは、レーダーなどで得た敵機のデジタル情報を、パイロットのバイザーに実景越しに映し出して、より遠くの敵をいち早く、正確に撃墜することを補助するためのヘッドマウントディスプレイ技術です。

　敵機が真横を通過している時に、パイロットがそこに視線を向けるだけで、ミサイルが発射され、正確に誘導されて、敵機を撃墜できます。だから、パイロットは提示されたデータの中から最善の方法を選択します。

　デジタル技術によって、旧来のシステムに比べ撃墜に至る時間が速くなり、その交戦距離も長くなりました。

逸村　まさにデジタル技術によって、「人間拡張」がなされていますね。しかし処理速度が上がるだけで、人間の本質が変わるのでしょうか。戦闘機パイロットは軍人であり、敵をやっつけるためには

何でもやるという本質は変わっていない。

小峯 人間は不変だと。

逸村 そうです。マレーの著書では、『ブレードランナー』に触れていますが、彼女の不幸は、日本の『ウルトラQ』を知らないことです。

さらに不幸なのは、マレーもマクルーハンも、アメコミ——アメリカのコミックは知っていても、「日本の漫画（マンガ）」を知らないことです。日本で独特の発展を遂げた漫画は、物語の表現形式を変える可能性という点で、非常に重要なのです。

日本には、ストーリーテリングに関して、昔から独特の土壌がありました。

紀貫之の『土佐日記』は、架空の女性を書き手とした日本初の紀行文学で、土佐から京へ帰る旅の模様を日記形式で書き、時には作者自身（紀貫之）と思われる人物も登場するなど、虚構と現実が入れ子細工のようになった物語（ナラティブ）です。日本は、それが文学史上に残る国なのです。

小さな島国で、資源が豊かではないけれど、当時の人々は食うには困らない。だから、この作品は残った。

同様に、日本の漫画業界もごく一部の漫画家はお金持ちになれるけれど、ほとんどは貧乏を強いられている。それでやってこられたから、漫画が日本の出版業界を支えてきたのです。

すでに電子書籍が登場し、そのマーケットの8割は漫画が占めているといいます。これからデジタル技術がさらに進んで、この状況がどうなってゆくのか、とても興味深いところです。

小峯 課金システムのせいか、新聞社もデジタル展開で苦しんでいますね。

逸村 朝日新聞も日本経済新聞も、ウェブ版でネットの読者は付いたけれども、それがすべてではないし、本来の「紙」との住み分けも十分とは言えません。しかもネットでよく読まれるのは、芸能スキャンダルとか、社会面のどうでもいいような記事ばかりです。

小峯 研究チームは、炎上の条件に「０円」があることを発見しました。また、そのスタンダードに「金」「性欲」「社会正義」の三つがあること、そして炎上のXn曲線には「空気を読む」と「縦社会」という日本独特の構図が表われていることも結論づけました。炎上が単純に盛り上がるだけではなく、曲線が上がったり下がったり、あるいは何がそのターニングポイントになったかをデータで示しています。

逸村 解析をすればするほど、単純ではないことが分かったでしょう。そこに物語がある。

小峯 はい。炎上を単に炎上と言うだけではなく、たしかにその中に物語がある。その物語を抽出し、分析することによって、図形化ができました。

　デジタル技術であらゆることが便利になっても、アナログである人間の感情は、変わらない。ネット上の炎上で形づくられる物語も、『土佐日記』で語られる物語も、人の感情が物語を作るのだから、大元は変わらないのですね。

逸村 そういうことです。

小峯 情報を伝えるマスメディアは、古くはプレス――活版印刷物

でした。それから新聞、雑誌に発展し、次に電波媒体のラジオ、テレビが登場しました。それらマスメディアの伝える情報は、速度が増し、量も膨大になります。そしてデジタル化で、その大量の情報が、さらに大量に、さらに高速度で伝達されるようになりました。

　同時に、異なる複数の媒体で一つの情報を扱うケースが生まれます。この「メディア・ミックス」と呼ばれるケースでは、情報が変質しているのではないか。生の舞台演劇を、そのままカメラで撮影して映像化すると、舞台の雰囲気は変質します。さらに、この舞台をテレビドラマ化すれば、また変質する。SNSの登場以前に、情報の変質＝《Informing》が見られたということでしょうか。

　メディアがミックスされると、情報は変質する。昔、『Dr.スランプ』がアニメ化されたとき、「アラレちゃんの声が違う」などと異論が出たものです。

逸村　『ルパン三世』でも『サザエさん』でも、声優が替わる時は話題になりましたね。

　エルビス・プレスリーにまつわる面白い話があります。

「いつから皆は『エルビス』と呼ぶようになったのだろう？　50代の俺たちは、『プレスリー』と呼んでいたのに」

　人々が共有する愛称であり記号である「プレスリー」が、時を経て「エルビス」に変質した、というわけです。

小峯　あっ、そう言えば……。

逸村　誰か"仕掛け人"がいるのでしょうね。

小峯　プレスリーと呼ぼうと思っていたら、その仕掛け人が「エルビスと呼んだら、新しい価値観を創出できますよ」と。そして「プ

レスリー」が「エルビス」に情報変質した。

逸村　仕掛け人の実態は分かりませんが、そうしたアナウンスの効果で、まさしく情報が変質してブランドまでが変わってしまったということです。

小峯　何かをミックスするか、チェンジさせて情報が変質する。そして生まれ変わった情報が、新しい価値観を創出させる。だから情報変質を解析するこの研究は、これからが面白いんですよね。

★読者のみなさまにお願い

この本をお読みになって、どんな感想をお持ちでしょうか。祥伝社のホームページから書評をお送りいただけたら、ありがたく存じます。今後の企画の参考にさせていただきます。また、次ページの原稿用紙を切り取り、左記編集部まで郵送していただいても結構です。

お寄せいただいた「100字書評」は、ご了解のうえ新聞・雑誌などを通じて紹介させていただくこともあります。採用の場合は、特製図書カードを差しあげます。

なお、ご記入いただいたお名前、ご住所、ご連絡先等は、書評紹介の事前了解、謝礼のお届け以外の目的で利用することはありません。また、それらの情報を6カ月を超えて保管することもありません。

〒101-8701　（お手紙は郵便番号だけで届きます）
祥伝社　書籍出版部　編集長　岡部康彦
電話03（3265）1084
祥伝社ブックレビュー　http://www.shodensha.co.jp/bookreview/

◎本書の購買動機

＿＿＿＿の新聞の広告を見て	＿＿＿＿の誌の広告を見て	＿＿＿＿の新聞の書評を見て	＿＿＿＿の誌の書評を見て	書店で見かけて	知人のすすめで

◎今後、新刊情報等のパソコンメール配信を　　　　希望する ・ しない
　（配信を希望される方は下欄にアドレスをご記入ください）

@

※携帯電話のアドレスには対応しておりません

100字書評

「炎上」と「拡散」の考現学

住所

名前

年齢

職業

「炎上」と「拡散」の考現学
なぜネット空間で情報は変容するのか

平成27年6月15日　初版第1刷発行

著　者　小峯隆生

発行者　竹内和芳

発行所　祥伝社

〒101-8701
東京都千代田区神田神保町3-3
☎03(3265)2081(販売部)
☎03(3265)1084(編集部)
☎03(3265)3622(業務部)

印　刷　萩原印刷

製　本　ナショナル製本

ISBN978-4-396-61529-1　C0030　　Printed in Japan
祥伝社のホームページ・http://www.shodensha.co.jp/

©2015, Takao Komine

造本には十分注意しておりますが、万一、落丁、乱丁などの不良品がありましたら、「業務部」あてにお送り下さい。送料小社負担にてお取り替えいたします。ただし、古書店で購入されたものについてはお取り替えできません。本書の無断複写は著作権法上での例外を除き禁じられています。また、代行業者など購入者以外の第三者による電子データ化及び電子書籍化は、たとえ個人や家庭内での利用でも著作権法違反です。

祥伝社のベストセラー

仕事に効く 教養としての「世界史」

先人に学べ、そして歴史を自分の武器とせよ。京都大学「国際人のグローバル・リテラシー」歴史講義も受け持ったビジネスリーダー、待望の1冊！

出口治明

日本人の9割に英語はいらない
——英語業界のカモになるな！

英語ができても、バカはバカ。マイクロソフト元社長が緊急提言。「社内公用語化」「小学校での義務化」「TOEIC絶対視」……ちょっと待った！

成毛　眞

15秒で口説く エレベーターピッチの達人
——3％のビジネスエリートだけが知っている瞬殺トーク

電話、会議室、取引先、合コン……チャンスは突然訪れる！　ものにできるか否か、決めるのはあなたの「話し方」。超人気研修講師が、ビジネスコミュニケーションを徹底解説

美月あきこ